Análise instrumental orgânica

Stéphanie Abisag Sáez Meyer Piazza

Rua Clara Vendramin, 58 | Mossunguê
CEP 81200-170 | Curitiba-PR | Brasil
Fone: (41) 2106-4170
www.intersaberes.com
editora@intersaberes.com

Conselho editorial
☐ Dr. Alexandre Coutinho Pagliarini
☐ Drª. Elena Godoy
☐ Mª. Maria Lúcia Prado Sabatella
☐ Dr. Neri dos Santos

Editora-chefe
☐ Lindsay Azambuja

Gerente editorial
☐ Ariadne Nunes Wenger

Assistente editorial
☐ Daniela Viroli Pereira Pinto

Preparação de originais
☐ Word Clouds

Edição de texto
☐ Arte e Texto Edição e Revisão
de Textos
☐ Monique Francis Fagundes
Gonçalves
☐ Camila Rosa

Capa e projeto gráfico
☐ Luana Machado Amaro (*design*)
☐ AndriyShevchuk/Shutterstock
(imagem)

Diagramação
☐ Cassiano Darela

Equipe de *design*
☐ Luana Machado Amaro
☐ Charles L. da Silva

Iconografia
☐ Regina Claudia Cruz Prestes
☐ Sandra Lopis da Silveira

Dados Internacionais de Catalogação na Publicação (CIP)
(Câmara Brasileira do Livro, SP, Brasil)

Piazza, Stéphanie Abisag Sáez Meyer
　Análise instrumental orgânica / Stéphanie Abisag
Sáez Meyer Piazza. -- Curitiba: Editora Intersaberes, 2023.
-- (Série análises químicas)

　Bibliografia.
　ISBN 978-65-5517-182-2

　1. Análise instrumental 2. Química analítica quantitativa
I. Título. II. Série.

22-134668

Índices para catálogo sistemático:

1. Química analítica　543

Cibele Maria Dias - Bibliotecária - CRB-8/9427

1ª edição, 2023.

Foi feito o depósito legal.

Informamos que é de inteira responsabilidade da autora a emissão de conceitos.

Nenhuma parte desta publicação poderá ser reproduzida por qualquer meio ou forma sem a prévia autorização da Editora InterSaberes.

A violação dos direitos autorais é crime estabelecido na Lei n. 9.610/1998 e punido pelo art. 184 do Código Penal.

Sumário

Prefácio □ 9
Apresentação □ 11
Como aproveitar ao máximo este livro □ 13
Introdução □ 21

Capítulo 1
Princípios da análise instrumental orgânica □ 23
1.1 Análise instrumental orgânica: conceitos □ 27
1.2 Resumo das principais técnicas analíticas instrumentais 43
1.3 Como definir qual é a melhor técnica para a minha amostra? □ 48

Capítulo 2
Métodos espectrofotométricos □ 58
2.1 Princípios da espectroscopia na região do infravermelho □ 61
2.2 Processos de absorção no infravermelho □ 63
2.3 Propriedades das ligações químicas e seus reflexos no infravermelho □ 66
2.4 Espectrômetro de infravermelho □ 68
2.5 Preparação de amostras, análise e interpretação de resultados □ 72

Capítulo 3
Métodos cromatográficos □ 91
3.1 Princípios e tipos de análises cromatográficas □ 92
3.2 Cromatografia em camada delgada □ 100
3.3 Cromatografia líquida de partição □ 105

Capítulo 4
Cromatografia gasosa □ 115
4.1 Princípios da cromatografia gasosa □ 116
4.2 Mecanismos e reações □ 117
4.3 Cromatógrafo □ 119
4.4 Condições para a análise □ 125
4.5 Quantificação e interpretação de resultados □ 127

Capítulo 5
Espectrometria de massa □ 136
5.1 Princípios da espectrometria de massa □ 137
5.2 Espectrômetro de massa □ 138
5.3 Métodos de ionização □ 140
5.4 Análise de massa □ 144
5.5 Detecção e quantificação □ 146

Capítulo 6
Ressonância magnética nuclear (RMN) □ 159
6.1 Princípios da RMN □ 161
6.2 Mecanismos de absorção □ 163
6.3 Espectrômetro de RMN □ 164
6.4 Condições para análise □ 167
6.5 Análise de absorções típicas por tipo de composto □ 168

Considerações finais □ 180

Lista de siglas □ 181

Referências □ 182

Bibliografia comentada □ 195

Respostas □ 197

Sobre a autora □ 200

Dedicatória

Dedico este livro ao meu amado pai, Jorge Meyer Neto (*in memoriam*), cuja presença foi essencial em cada passo da minha vida.

Agradecimentos

Agradeço a Deus pela realização deste sonho. Hoje vejo minha mente muito mais aberta à ciência e à pesquisa. Com todo amadurecimento nesse caminho, Deus foi quem me capacitou, ajudou, deu forças dia após dia para que eu não desistisse e buscasse dar meu máximo, meu melhor a cada passo.

Quero agradecer ao meu esposo, Luiz Fernando Piazza, que esteve comigo em todos os momentos. Mais que carinho e amor, sempre me incentivou com palavras de ânimo, fazendo da minha vida mais feliz e completa. Obrigada por tudo e por ser sempre meu apoiador em tudo o que eu faço. Minha vitória também é sua, e é para o nosso crescimento.

Quero agradecer à minha família, que continuamente me apoiou e esteve presente, torcendo e oferecendo palavras de incentivo quando o cansaço ou o desânimo quiseram aparecer. Cada palavra de carinho e oração deram-me novo ânimo para levantar e seguir em frente. Agradeço a meus pais, Jorge e Marcela, minha "mana", Carolina, meu cunhado, Guilherme, minhas sobrinhas, Annie e Nicole, meu irmão, Leandro, minha cunhada, Dayana, e meu sobrinho, Cayan. Obrigada, minhas tias Alicia, Vero e Jeczy, por constantemente se preocuparem e perguntarem como eu estava vivendo, orgulhando-se da minha caminhada. Obrigada, meus sogros, Edilene e Luiz Américo, que estiveram a todo momento comigo, ouvindo e dando suporte em tudo.

Agradeço à Professora Claudia Regina Xavier, minha inspiração como pessoa e excelente profissional! Obrigada por fazer parte de cada etapa na minha vida!

Agradeço ainda à Editora InterSaberes, por confiar a mim a oportunidade de produção desta obra e por todo o suporte conferido ao longo da edição deste livro.

A todos que, de forma direta ou indireta, ajudaram-me na conclusão desta obra, declaro o meu mais profundo agradecimento!

Epígrafe

"Não ande apenas pelo caminho traçado, pois ele conduz somente até onde os outros já foram."

(Alexandre Graham Bell, 1847-1922)

Prefácio

O livro que você começa a ler agora foi escrito com toda dedicação por uma profissional com formação em química ambiental e que conhece bem as demandas da análise química no contexto de medição, interpretação, diagnóstico e tomada de decisão com base nos resultados analíticos. A amplitude de métodos disponíveis e a sensibilidade dos novos equipamentos não dispensam o bom senso, o conhecimento e a honestidade previstos para as medições.

Nesse sentido, você tem um vasto material a explorar para conhecer as potencialidades e os critérios dos principais métodos analíticos aplicados ao conhecimento da natureza química dos diversos materiais, compostos e produtos. Na análise instrumental, dedica-se grande parte do trabalho à separação e à purificação do analito para se ter uma resposta mais fidedigna dos componentes de uma amostra.

Portanto, a figura do profissional da área de química é fundamental para a escolha do método preparativo e instrumental adequado, e isso você encontrará nesta importante obra. Nela se destacam seis capítulos referentes a: 1) princípios da análise instrumental orgânica; 2) métodos espectrofotométricos; 3) métodos cromatográficos; 4) cromatografia gasosa; 5) espectrometria de massa; e 6) ressonância magnética nuclear (RMN). Esses conteúdos são tipicamente abordados nos livros tradicionais de química analítica, mas aqui temos o olhar experiente de alguém que usa e ensina a técnica. Ao final de cada um destes capítulos, o leitor poderá encontrar algumas questões para reflexão e atividades aplicadas com o objetivo de prover as possibilidades de aplicação da técnica instrumental abordada.

Então, se você é um curioso ou um entusiasta na área de química, este livro é para você. Se você é estudante ou mesmo iniciante nessa área, este livro também é para você. Se você quer conhecer um mundo novo e obter um amplo espectro de conhecimento, é importante estudar as análises instrumentais químicas, e este livro é um ótimo começo. As análises abordadas são usadas nas diferentes áreas de produção, como em indústrias de petróleo, têxtil, de alimentos, de medicamentos, agroquímicas e de processos químicos em geral, além de análises de conformidade de materiais, produtos diversos e análises clínicas.

A autora desta obra, Stéphanie Meyer, apresenta um currículo destacado e tem sólida experiência na área, como é apresentado no último capítulo desta obra. É um grande privilégio e satisfação receber a missão de contar um pouco deste trabalho. Espero que você possa aproveitar esse conhecimento e que seja desafiado a aprender sempre mais. Por fim, espero que o conhecimento adquirido se multiplique e que ajude no desenvolvimento do Brasil e na qualidade de vida da nossa gente.

Boa leitura.

Um grande abraço.

Profª Drª Claudia Regina Xavier
Universidade Tecnológica Federal do Paraná (UTFPR)

Apresentação

A análise instrumental é a ferramenta analítica utilizada para detecção e/ou quantificação de espécies químicas de interesse, sendo dividida em três grandes áreas: (i) cromatografia; (ii) eletroquímica; e (iii) espectroscopia. Já a análise instrumental orgânica é aquela voltada para a caracterização de compostos que têm carbono em sua composição.

Entre as vantagens da utilização da análise instrumental, estão a facilidade de preparar a amostra e a possibilidade de usar amostras sólidas, líquidas ou gasosas, além do baixo custo e da versatilidade dos equipamentos necessários para a realização das análises.

Esta obra apresenta várias informações relacionadas às técnicas analíticas, de maneira simples, clara e objetiva, sendo um instrumento de utilidade para os químicos, sejam estudantes, sejam pesquisadores, e até mesmo trabalhadores de indústrias.

O maior interesse por estudos relacionados à análise instrumental se deve ao desenvolvimento tecnológico, visto que o aumento de novos equipamentos e o crescimento na disponibilidade de obras de cunho técnico e didático permitem um maior alcance de conhecimento.

No primeiro capítulo deste livro, apresentaremos as definições e os princípios da análise instrumental orgânica. No Capítulo 2, iniciaremos um estudo mais aprofundado das diferentes técnicas de identificação e de quantificação de compostos, iniciando com os métodos espectrofotométricos. Em seguida, no terceiro capítulo, vamos nos aprofundar em métodos cromatográficos, enquanto no quarto capítulo analisaremos a cromatografia gasosa. A técnica de espectrometria de massa será vista no quinto capítulo, e, por fim, no sexto capítulo, abordaremos a ressonância magnética nuclear.

Boa leitura!

Como aproveitar ao máximo este livro

Empregamos nesta obra recursos que visam enriquecer seu aprendizado, facilitar a compreensão dos conteúdos e tornar a leitura mais dinâmica. Conheça a seguir cada uma dessas ferramentas e saiba como elas estão distribuídas no decorrer deste livro para bem aproveitá-las.

Introdução do capítulo
Logo na abertura do capítulo, informamos os temas de estudo e os objetivos de aprendizagem que serão nele abrangidos, fazendo considerações preliminares sobre as temáticas em foco.

Indicações culturais
Para ampliar seu repertório, indicamos conteúdos de diferentes naturezas que ensejam a reflexão sobre os assuntos estudados e contribuem para seu processo de aprendizagem.

Importante!
Algumas das informações centrais para a compreensão da obra aparecem nesta seção. Aproveite para refletir sobre os conteúdos apresentados.

Preste atenção!
Apresentamos informações complementares a respeito do assunto que está sendo tratado.

Para refletir
Aqui propomos reflexões dirigidas com base na leitura de excertos de obras dos principais autores comentados neste livro.

Mãos à obra
Nesta seção, propomos atividades práticas com o propósito de estender os conhecimentos assimilados no estudo do capítulo, transpondo os limites da teoria.

Fique atento!
Ao longo de nossa explanação, destacamos informações essenciais para a compreensão dos temas tratados nos capítulos.

Curiosidade
Nestes boxes, apresentamos informações complementares e interessantes relacionadas aos assuntos expostos no capítulo.

Exemplo prático
Nesta seção, articulamos os tópicos em pauta a acontecimentos históricos, casos reais e situações do cotidiano a fim de que você perceba como os conhecimentos adquiridos são aplicados na prática e como podem auxiliar na compreensão da realidade.

Luz, câmera, reflexão!
Esta é uma pausa para a cultura e a reflexão. A temática, o enredo, a ambientação ou as escolhas estéticas dos filmes que indicamos nesta seção permitem ampliar as discussões desenvolvidas ao longo do capítulo.

Síntese
Ao final de cada capítulo, relacionamos as principais informações nele abordadas a fim de que você avalie as conclusões a que chegou, confirmando-as ou redefinindo-as.

Atividades de autoavaliação

Apresentamos estas questões objetivas para que você verifique o grau de assimilação dos conceitos examinados, motivando-se a progredir em seus estudos.

Atividades de aprendizagem

Aqui apresentamos questões que aproximam conhecimentos teóricos e práticos a fim de que você analise criticamente determinado assunto.

Bibliografia comentada

Nesta seção, comentamos algumas obras de referência para o estudo dos temas examinados ao longo do livro.

Bibliografia comentada

CIENFUEGOS, F.; VAITSMAN, D. **Análise instrumental**. Rio de Janeiro: Interciência, 2000.

Esse livro reúne um compilado de métodos da análise instrumental. Seus capítulos se referem à introdução a temas como: ultravioleta/visível, infravermelho, gases especiais, absorção atômica, plasma indutivamente acoplado, fotometria de chama, cromatografia gasosa, cromatografia líquida, potenciometria, condutimetria, eletrogravimetria, ressonância magnética nuclear, espectrometria de raios X, análise térmica, micro-ondas e água para análises químicas.

COLLINS, C. H.; BRAGA, G. L.; BONATO, P. S. (Org.). **Fundamentos de cromatografia**. Campinas: Ed. da Unicamp, 2006.

Nesse livro, são apresentados os fundamentos e os procedimentos para a realização das análises de cromatografia. Em seus capítulos, são abordados assuntos referentes a cromatografias por bioafinidade, cromatografia gasosa e cromatografia líquida de alta eficiência. Mediante as novas tecnologias e ao desenvolvimento de equipamentos, adsorventes e demais componentes, a obra traz as alterações e atualizações mais relacionadas a essas tecnologias.

HAGE, D. S.; CARR, J. D. **Química analítica e análise quantitativa**. Tradução de Sônia Midori Yamamoto. São Paulo: Pearson Prentice Hall, 2012.

Essa obra aborda as análises quali e quantitativas, as boas práticas de laboratório e as etapas necessárias para realizar análises químicas de analitos. Entre os temas levantados, temos: panorama da química analítica; medições de massa e volume; caracterização e seleção de métodos analíticos; atividade química e equilíbrio químico; solubilidade e precipitação química; reações de neutralização ácido-base; formação de complexos; reações de oxidação-redução; análise gravimétrica; titulação

Introdução

Diante da necessidade de novos métodos analíticos e de novos instrumentos de medida, a química analítica visa à melhoria contínua para apresentar técnicas e métodos de caracterização da composição de amostras. Para tanto, a identificação e a quantificação de um ou mais componentes de uma amostra analisada pelo químico deve apresentar um resultado confiável. Para tal, é necessário utilizar equipamentos calibrados, fazer investimentos no espaço físico e em equipamentos de laboratório modernos e capazes de fornecer resultados rápidos e precisos, além de fornecer treinamento adequado do pessoal técnico.

Atualmente, diversos equipamentos são controlados por computadores, mediante *softwares* que permitem agrupar uma grande variedade de métodos que utilizam a medição de determinada propriedade físico-química. Além disso, quase todas as propriedades físico-químicas de um elemento ou uma substância podem servir de base para se estabelecer um método analítico instrumental qualitativo e quantitativo.

A análise quantitativa consegue relacionar uma propriedade medida com a concentração do analito. Das possíveis propriedades a serem utilizadas, tem-se a emissão ou a absorção de luz em diferentes espectros eletromagnéticos e as propriedades térmicas e elétricas, como condutividade de soluções ou potencial redox.

Além disso, o uso de equipamentos modernos e a automação das análises permitem a determinação de concentrações extremamente baixas de diferentes espécies, chamadas de *traços*. Porém, também são utilizados ensaios qualitativos e quantitativos convencionais gravimétricos e volumétricos – como a titulação – para determinar eficientemente a quantidade de analitos em uma amostra. Esses ensaios, por serem mais baratos, podem ser utilizados em laboratórios de ensino, pesquisa e indústria.

Sendo assim, este livro busca apresentar, de maneira didática e simples, os aspectos teóricos e práticos para a compreensão de métodos e técnicas analíticas existentes. As funções das diferentes partes dos equipamentos são descritas no decorrer dos capítulos, que abordam a espectrofotometria de infravermelho, espectrometria de massa, ressonância magnética nuclear e métodos cromatográficos.

Capítulo 1

Princípios da análise instrumental orgânica

O objetivo deste capítulo é identificar conceitos e definições para o estudo das técnicas experimentais instrumentais aplicadas a compostos orgânicos. Também trataremos sobre os conceitos que definem a utilização, a calibração e os cuidados dos materiais a serem usados nas técnicas dessas análises. Ainda, veremos seus principais métodos analíticos instrumentais e, por fim, verificaremos os critérios para a escolha das técnicas analíticas para amostras de compostos.

A química analítica é a área que trata da determinação da composição química por meio dos processos de separação, de identificação e de determinação da quantidade de determinado componente na amostra.

A química analítica em si subdivide-se em duas análises principais: (i) a análise qualitativa e (ii) a análise quantitativa. De acordo com Silva (2011), na análise qualitativa "identificam-se os tipos de elementos, íons e moléculas que constituem a amostra", enquanto na análise quantitativa "determina-se a quantidade de cada um desses componentes".

Na Figura 1.1, temos a representação esquemática da subdivisão da química analítica.

Figura 1.1 – Divisão da química analítica

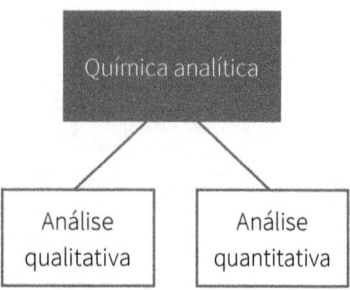

Além da concepção de qualitativo e de quantitativo, é importante definir alguns conceitos fundamentais, conforme apresentado no Quadro 1.1, a seguir.

Quadro 1.1 – Conceitos fundamentais da química analítica

Abordagem geral	Questões tratadas
Análise qualitativa	Um determinado analito está presente na amostra?
Análise quantitativa	Quanto do analito está presente na amostra?
Identificação química	Qual é a identidade de uma substância química desconhecida em uma amostra?
Análise estrutural	Qual é a massa molecular/atômica, composição ou estrutura do analito?
Caracterização de propriedade	Quais são algumas das propriedades químicas e físicas do analito?
Análise espacial	Como o analito está distribuído por uma amostra?
Análise dependente do tempo	Como a quantidade ou a propriedade de um analito muda ao longo do tempo?

Fonte: Hage; Carr, 2012, p. 6.

Preste atenção!

Na análise qualitativa, identificamos determinando elemento, enquanto na análise quantitativa verificamos a porcentagem desse elemento na amostra.

Na atualidade, a análise instrumental apresenta grande importância nas mais variadas áreas, como mostra Quadro 1.2.

Quadro 1.2 – Áreas de aplicação da análise instrumental

Área principal	Subáreas
Química	Química orgânica; química inorgânica; físico-química; polímeros.
Ciência do meio ambiente	Ecologia; meteorologia; oceanografia.
Agricultura	Agronomia; ciências dos animais; ciência da alimentação; horticultura; ciências dos solos.
Geologia	Geofísica; geoquímica; paleontologia; paleobiologia.
Biologia	Botânica; genética; microbiologia; biologia molecular; zoologia.
Física	Astrofísica; astronomia; biofísica.
Engenharia	Engenharia Química; engenharia civil; engenharia elétrica; engenharia mecânica; engenharia materiais; engenharia bioquímica.
Medicina	Química clínica; química medicinal; toxicologia.
Farmácia	Análise clínicas; hematologia; medicamentos.
Ciências sociais	Ciência forense; arqueologia; antropologia.
Ciências dos materiais	Metalurgia; polímeros.

Fonte: Elaborado com base em Skoog et al., 2007.

Fique atento!

A análise instrumental é utilizada em diversas áreas. Por isso, é importante na aplicação de técnicas de análise que permitem aprofundar o conhecimento dos diferentes materiais e dos elementos químicos.

1.1 Análise instrumental orgânica: conceitos

As metodologias de análise da química analítica podem ser clássicas ou instrumentais. Os métodos clássicos são baseados na medida da massa (gravimetria) e do volume (volumetria/titulação), já os métodos instrumentais são baseados na medida de uma propriedade física.

1.1.1 Características das técnicas analíticas instrumentais: princípios básicos

As técnicas analíticas instrumentais podem ser divididas em duas principais, a saber (Rossi; Toretti, 2003):

1. **Métodos clássicos**: A identificação dos analitos é realizada por meio da separação dos componentes por técnicas como precipitação, extração ou destilação. Há algumas reações

químicas durante o procedimento, tais como variação de cor, odor, eliminação de gases, alteração da temperatura e do pH, e os analitos são identificados de maneira mais simples e precisa por meio de equipamentos mais baratos, porém mantida sua confiabilidade. A quantificação de determinado elemento pode ser verificada pela massa (gravimetria) ou pelo volume utilizado nas titulações (titulometria).

2. **Métodos instrumentais**: Essa técnica de identificação de compostos costuma ser mais onerosa, pois utiliza equipamentos mais sofisticados e demanda mão de obra qualificada e especializada. Com o aumento da tecnologia e do uso de computadores, esse tipo de técnica vem ganhando cada vez mais espaço no mercado. Nesse tipo de análise, determina-se a quantidade de um elemento por meio de reações químicas, como condutividade elétrica, absorção e emissão de luz. Entre as análises que se enquadram nesse método estão a cromatografia líquida de alta eficiência, a espectroscopia, entre outras técnicas eletroanalíticas sofisticadas.

Cada um desses métodos tem suas características específicas, como apresentado resumidamente no Quadro 1.3, a seguir.

Quadro 1.3 – Caracterização dos métodos clássicos e instrumentais

Métodos clássicos	Métodos instrumentais
Ideal para análises esporádicas.	Ideal para análises de rotina.
Baixo custo.	Custo mais elevado.

(continua)

(Quadro 1.3 – conclusão)

Métodos clássicos	Métodos instrumentais
Aparelhagem de fácil aquisição.	Necessita de calibração do aparelho e de pessoal treinado.
Macroanálise (concentrações mais altas dos analitos).	Análise de traços (concentrações mais baixas dos analitos).

Fonte: Elaborado com base em Lowinsohn, 2016b.

Sobre essa questão, Passos (2011, p. 9) afirma: "Os métodos analíticos instrumentais consistem na medida das propriedades físicas do analito, tais como condutividade, potencial de eletrodo, absorção ou emissão de luz, razão massa/carga e fluorescência".

Na Figura 1.2, a seguir, são apresentadas resumidamente as subdivisões da análise analítica e seus respectivos métodos.

Figura 1.2 – Fluxograma da análise analítica

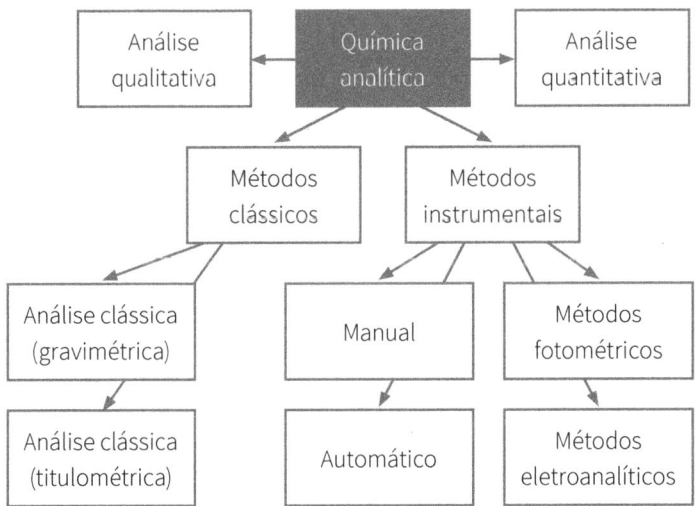

Um ponto muito importante na definição do método analítico a ser utilizado é baseado na concentração do analito, que pode ser majoritário, em grandes proporções, seguindo para os níveis minoritário, traços (ppm – partes por milhão) e até ultratraços (ppb – partes por bilhão).

Para verificar a quantidade de determinado analito na amostra, são utilizados os métodos analíticos quantitativos. Para esse cálculo, segundo Skoog et al. (2007), pode-se realizar "uma análise quantitativa típica, a partir de duas medidas", ou "a medida de alguma grandeza que é proporcional à quantidade do analito nas amostras, como massa, volume, intensidade de luz ou carga elétrica".

Sendo assim, é possível dividir os métodos analíticos quantitativos em cinco tipos principais, conforme observamos no Quadro 1.4, a seguir.

Quadro 1.4 – Métodos analíticos quantitativos e sua caracterização

Método	Caracterização
Método gravimétrico	Determina a massa do analito ou de algum composto quimicamente a ele relacionado.
Método volumétrico	Mede-se o volume da solução contendo reagente em quantidade suficiente para reagir com todo analito presente.

(continua)

(Quadro 1.4 – conclusão)

Método	Caracterização
Método eletroanalítico	Envolve a medida de alguma propriedade elétrica, como potencial, corrente, resistência e quantidade de carga elétrica.
Método espectroscópico	Baseia-se na medida da interação entre a radiação eletromagnética e os átomos ou as moléculas do analito ou, ainda, a produção de radiação pelo analito.
Métodos variados	Incluem a medida de grandezas, como razão massa-carga de moléculas por espectrometria de massas, velocidade de decaimento radiativo, calor de reação, condutividade térmica de amostras, atividade óptica e índice de refração.

Fonte: Elaborado com base em Skoog et al., 2007.

1.1.2 Usos e aplicações das técnicas analíticas instrumentais

As técnicas analíticas mais utilizadas em laboratórios são as cromatográficas, as eletroquímicas e as espectroscópicas. Elas são utilizadas visando verificar o controle da qualidade e para fins industriais e ambientais.

Hage e Carr (2012) apontam algumas das mais variadas aplicações da análise instrumental:

- determinar a composição, a pureza e a qualidade: da matéria-prima até o produto acabado;
- controlar e otimizar processos industriais;
- controlar impurezas e subprodutos;
- assegurar a conformidade com a legislação quanto à composição máxima e mínima;
- monitorar e proteger o meio ambiente: local de trabalho, residência e natureza;
- quantificar e qualificar.

1.1.3 Etapas da análise instrumental

Nos métodos clássicos e instrumentais, é comum seguir os procedimentos: seleção do método a ser utilizado; obtenção de amostra representativa; processamento da amostra, ou seja, seu preparo e tratamento; verificação da solubilidade da amostra: em caso positivo, identificar se é mensurável e, em caso negativo, realizar sua dissolução; eliminar as interferências; e, por fim, analisar ou medir determinada propriedade de identificação (cor, odor, pH, temperatura etc.), conforme mostra a Figura 1.3.

Figura 1.3 – Etapas da análise instrumental

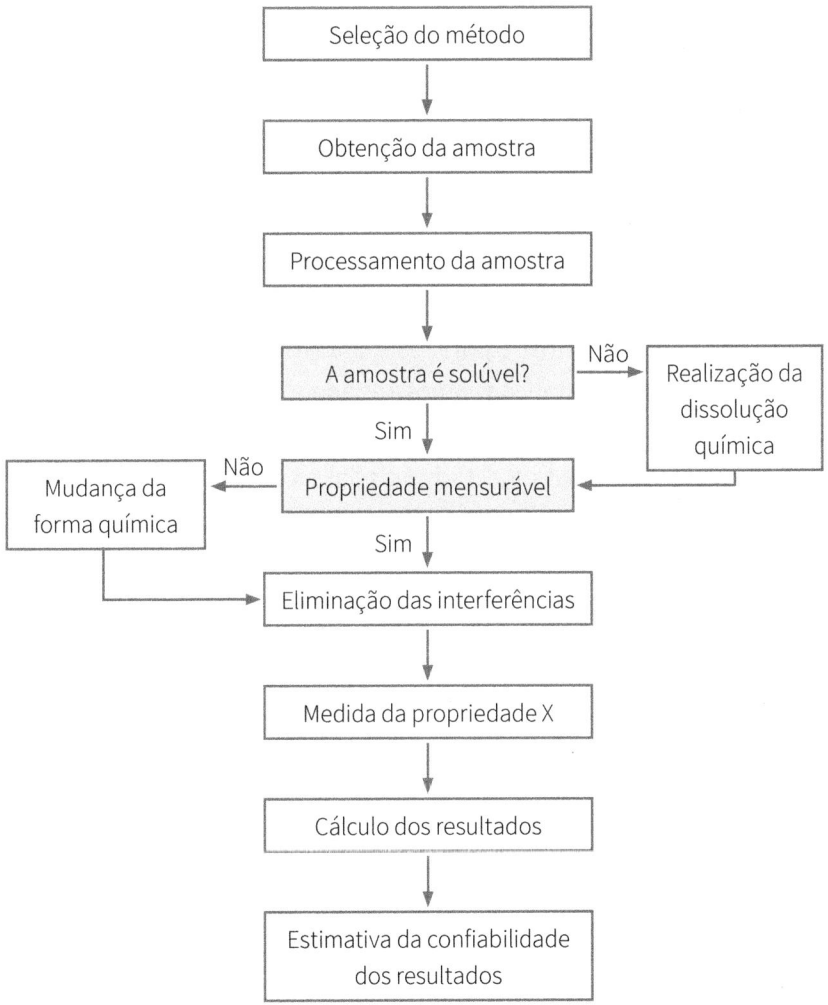

Fonte: Skoog et al., 2007, p. 5.

A seleção do método é feita com base na necessidade de que este seja preciso, exato, sensível, seletivo e robusto. O profissioanl que executará a análise deve conhecer os detalhes práticos e princípios teóricos, além de ter clara a relação entre os custos das análises baseados no número de amostras. Por fim, deve-se ainda levar em conta a complexidade da amostra e a quantidade de analito presente nela.

A próxima etapa é realizar uma amostragem significativa ou representativa, que se refere à coleta de uma porção ou alíquota de uma amostra para realizar a análise. Também é necessário acondicionar as amostras adequadamente para que se mantenham íntegras até o momento da análise.

De acordo com as características das amostras, parte-se para o tratamento destas – como secagem, moagem, pulverização e peneiração – e o correto acondicionamento para evitar que processos físicos, químicos e biológicos alterem a composição delas (Sousa, 2015).

Sousa (2015) aponta que, após a amostragem, parte-se para o tratamento da amostra, conforme o sinal analítico que objetiva realizar e de acordo com o método escolhido para a análise. Os possíveis sinais analíticos são: formação de precipitado, variação de massa, evolução de gás, alteração de volume, mudança de cor e variação de temperatura. Algumas amostras, de acordo com sua caracterização, poderão passar pelo processo de extração. Posteriormente, as amostras serão analisadas nos equipamentos já calibrados, e seus resultados, avaliados, inclusive estatisticamente. Um resumo das etapas de uma análise quantitativa está apresentado no Quadro 1.5, a seguir.

Quadro 1.5 – Etapas de uma análise quantitativa

Etapas	Exemplos de procedimentos
Amostragem	Depende do tamanho e da natureza física da amostra.
Preparação de uma amostra analítica	Redução do tamanho das partículas, mistura para homogeneização, secagem, determinação do peso ou do volume da amostra.
Tratamento/dissolução da amostra	Aquecimento, ignição, fusão, uso de solvente e diluição.
Remoção de interferentes	Filtração, extração com solventes, separação cromatográfica.
Medidas na amostra	Padronização e calibração.
Resultados	Cálculo dos resultados analíticos e estatísticos.
Apresentação dos resultados	Impressão e arquivamento.

Fonte: Elaborado com base em Ferreira; Ribeiro, 2011,

Fique atento!

Todas as etapas devem ser seguidas visando à diminuição de perdas materiais e de tempo. Uma análise bem planejada permite que o pesquisador esteja prevenido quanto às demandas e preparado para uma realização experimental mais eficiente.

1.1.4 Materiais utilizados na análise instrumental orgânica, calibração e cuidados

Para que as análises sejam confiáveis, é necessário que os equipamentos estejam calibrados, e os materiais, em boas condições de uso. A seguir, discutiremos sobre os materiais mais comumente utilizados na análise instrumental.

Materiais utilizados na análise instrumental

Segundo Skoog et al. (2007), os materiais a serem utilizados nas análises dependerão da técnica selecionada, visto que os métodos instrumentais apresentam como característica principal a obtenção das informações por meio de instrumentos diferentes. Entre as técnicas instrumentais existentes, estão:

- **Técnicas ópticas**: Espectrofotometria molecular (absorção e emissão) e espectrometria atômica (absorção e emissão).
- **Técnicas eletroanalíticas**: Condutometria, potenciometria, polarografia, coulometria e voltametria.
- **Técnicas magnéticas**: Espectrometria de massas e ressonância magnética nuclear.
- **Técnicas térmicas**: Análise térmica diferencial e termogravimetria.
- **Técnicas radioquímicas**: Análise por ativação neutrônica.

Vamos focar, porém, nas técnicas mais comumente utilizadas e que são objeto de estudo neste livro.

Na metodologia espectroscópica, é possível analisar um composto conforme suas propriedades elétricas, como potencial, corrente, resistência e quantidade de carga elétrica. Dessa froma, afirmamos que as medições estão diretamente relacionadas às interações entre a radiação eletromagnética e os átomos do analito a ser analisado.

Na espectrofotometria, utiliza-se o espectrofotômetro para medir a intensidade do sinal nas cubetas, seja, por exemplo pela cor, por infravermelho etc. Este, de acordo com Skoog et al. (2007, p. 12, grifo do original), "fornece um número chamado de **absorbância**, que é diretamente proporcional à concentração da espécie responsável pela cor".

Os instrumentos utilizados nas análises são apresentados no Quadro 1.6, a seguir.

Quadro 1.6 – Instrumentos para análise e seus componentes

Instrumento	Gerador de Sinal	Sinal Analítico	Transdutor de Entrada	Sinal de Entrada	Processador de Sinal	Sinal de Saída	Transdutor de Saída
Fotômetro	Lâmpada Amostra	Atenuação da Luz	Fotocélula	Corrente Elétrica	Nenhum	Corrente Elétrica	Amperímetro
Fotometria chama	Chama Amostra	Radiação UV/Visível	Fotomultiplicadora	Corrente Elétrica	Conversor C/V	Potencial Elétrico	Display/Digital
Potenciostato	Fonte DC Amostra	Reação Redox	Eletrodos	Corrente Elétrica	Conversor C/V	Potencial Elétrico	Registrador
pHmetro	Amostra	Atividade de H⁺	Eletrodo de Vidro	Potencial Elétrico	Amplificador	Potencial Elétrico	Display/Digital
Condutometria	Corrente Alternada Amostra	Mobilidade Iônica	Eletrodos de Platina	Resistência	Ponte de Wheatstone	Potencial Elétrico	Display/Analógico
Difratograma de Raios-X	Tubo de Raios-X Amostra	Radiação Difratada	Filme Fotográfico	Imagem Latente	Desenvolvimento Químico	Imagem	Imagem sobre o filme

Fonte: Gia, 2015, p. 23.

1.1.5 Calibração e cuidados com os equipamentos

De acordo com a Resolução n. 35, de 25 de fevereiro de 2003, da Agência Nacional de Vigilância Sanitária (Anvisa), a calibração é definida como: Conjunto de operações que estabelecem, sob condições especificadas, a relação entre valores indicados por um instrumento de medição, sistema, ou valores apresentados por um material de medida, comparados àqueles obtidos com um padrão de referência correspondente. (Brasil, 2003)

Normalmente, é preciso, em uma análise instrumental, calibrar os instrumentos. Submeter porções já conhecidas da quantidade (padrão de medida ou material de referência) ao processo de medição e monitorar a respostas da medição consistem na forma mais frequente de calibração (Silva, 2018).

Sendo assim, pode-se, por exemplo, realizar a construção da chamada *curva de calibração* (Figura 1.4). Trata-se de "um gráfico de resposta do instrumento (eixo y) em relação à concentração dos padrões (eixo x)" (Silva, 2018). Conforme Silva (2018, p. 7), para isso, devem ser consideradas as seguintes condições: verificar se o gráfico é linear ou não, encontrar a curva que melhor se ajusta aos pontos, analisar os erros e identificar o limite de detecção que corresponde à "menor concentração do analito que pode ser detectado com um predeterminado nível de confiança".

Preste atenção!

A calibração é importante para garantir que os resultados das análises sejam os mais corretos possíveis. Por isso, com frequência deve-se calibrar os equipamentos para manter a confiabilidade dos resultados analíticos.

Figura 1.4 – Curva de calibração

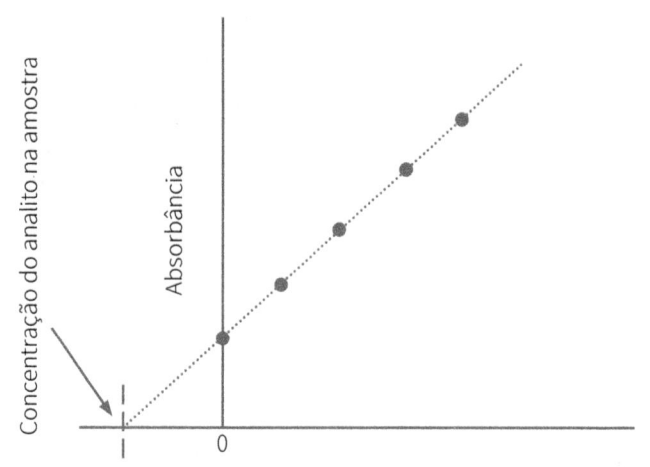

Fonte: Lowinsohn, 2012, p. 19.

Lowinsohn (2012, p. 2) destaca que os métodos de calibração existentes se dividem ainda em:

- **Calibração Pontual**: determina-se o valor de uma constante K com um único padrão, a qual expressa a relação entre a medida instrumental e a concentração do analito de interesse. Esta hipótese deve ser testada experimentalmente.

☐ **Calibração Multipontual**: calibração com mais de dois padrões.

*O método mais empregado consiste na calibração multipontual com até 5 níveis de concentração [Figura 1.5], podendo apresentar uma relação linear (sensibilidade constante na faixa de concentração de trabalho) ou não linear (sensibilidade é função da concentração do analito).

Na Figura 1.5, evidencia-se o tipo de calibração multipontual.

Figura 1.5 – Diferentes concentrações da solução padrão

Pencil case/Shutterstock

As respostas do procedimento químico são diretamente proporcionais à quantidade dos constituintes/padrões analisados. Sendo assim, determinada quantidade de um analito pode ser interpretada pela curva de calibração externa/curva analítica, pela curva de adição de padrão ou, ainda, pelo padrão interno (Lowinsohn, 2012).

Lowinsohn (2012) indica que a amostra padrão é caracterizada como uma amostra de referência que contém o analito de interesse, podendo este ser externo ou interno. No padrão externo, são injetados separadamente a amostra e o padrão, e o composto desejado é identificado por meio da comparação de alguma característica, como ocorre na cromatografia, por exemplo. Já no padrão interno, há adição de uma quantidade conhecida de elemento de referência tanto nos padrões quanto na amostra.

Lowinsohn (2012, p. 8) ainda afirma que:

> Quando se usam métodos instrumentais, é necessário calibrar, frequentemente, os instrumentos usando uma série de amostras (padrões), cada uma em uma concentração diferente e conhecida do analito. [...] Dois procedimentos estatísticos devem ser aplicados à curva de calibração:
>
> c. Verificar se o gráfico é linear ou não
>
> d. Encontrar a melhor reta (ou melhor curva) que passa pelos pontos.

Na calibração do cromatógrafo, instrumento a ser utilizado na cromatografia líquida, por exemplo, faz-se a calibração utilizando de três a cinco injeções de soluções padrões para obtenção da curva de calibração, por meio da qual os valores de limite de detecção serão calculados, com base no desvio padrão residual da curva de regressão e no coeficiente angular da curva de calibração. Nas curvas de calibração, temos a resposta *versus* a concentração da solução padrão (Abakerli; Fay, 2003).

1.2 Resumo das principais técnicas analíticas instrumentais

A química analítica instrumental é caracterizada pela identificação e pela quantificação de um analito. O método espectrométrico se baseia na leitura de alguma propriedade elétrica, a saber: potencial, corrente, resistência ou quantidade de carga elétrica. Por esse motivo, os métodos espectrométricos podem ser divididos em: espectrometria de absorção atômica, espectrometria de absorção molécula, espectrometria de emissão atômica, entre outras.

Além disso, algumas características próprias dos elementos podem ser levadas em consideração. Nos métodos eletroanalíticos, por exemplo, para determinar o composto, verificam-se seus potenciais padrões de redução, de forma que envolvem técnicas como potenciometria, coulometria e voltametria.

A seguir veremos um resumo das principais técnicas analíticas instrumentais, que se dividem em métodos ópticos, eletroquímicos e cromatográficos.

1.2.1 Métodos ópticos

Nessas análises, faz-se a interação entre a matéria e a energia em forma de luz. Segundo o tipo de interação, os métodos óticos podem ser classificados em métodos de absorção, emissão, difração e refração. Diante disso, existem os métodos espectroanalíticos (que se dividem em métodos espectrométricos e espectroquímicos), os eletroanalíticos e os cromatográficos.

Sobre essa questão, Serra (2020) apresenta a definição do o termo *espectroscopia* como "a designação para toda técnica de levantamento de dados físico-químicos através da transmissão, absorção ou reflexão da energia radiante incidente em uma amostra" (Serra, 2020, p. 21).

1.2.1.1 Métodos espectrométricos

De acordo com Silva (2015a), a espectrometria é a principal classe de métodos analíticos e é baseada na interação de energia radiante com a matéria. Inclui a espectroscopia acústica, de massas e de elétrons.

As medidas, nos métodos espectrométricos, são feitas nas regiões dos espectros visível, ultravioleta e infravermelho. Esses métodos são muito utilizados na região do visível, uma vez que, nessa região, os compostos são coloridos, há instrumentação disponível e de fácil operação (Silva, 2015a).

1.2.1.2 Métodos espectroquímicos

A espectroscopia atômica inclui várias técnicas analíticas usadas para determinar a composição elementar de uma amostra examinando seu espectro eletromagnético ou seu espectro de massa (Agilent Technologies, 2016).

As técnicas utilizadas na espectroscopia atômica são: espectrometria de emissão óptica com fonte de plasma (ICP-OES), emissão óptica com plasma indutivamente acoplado (ICP-MS), espectroscopia de absorção atômica em chama (FAAS), espectrometria de absorção atômica com atomização eletrotérmica em forno de grafite (ETAAS) e absorção atômica de forno de grafite (GFAAS). Além dessas, pode-se elencar, ainda, a espectrofotometria e a turbidimetria.

1.2.2 Métodos eletroquímicos

Nessa análise, verifica-se a condutividade elétrica dos componentes durante ou após uma reação química. Os métodos eletroquímicos se baseiam nas reações de oxirredução e vários tipos deles são utilizados na análise quantitativa.

1.2.2.1 Métodos eletroanalíticos

Gupta et al. (2011) mencionam que os métodos baseados nas reações de oxi-redução podem ser divididos em: interfaciais (voltametria, amperometria, impedantometria e potenciometria) ou não interfaciais (condutometria).

Entre as vantagens de utilização dos métodos eletroanalíticos estão a determinação de espécies diferentes, o baixo custo e o fato de informarem a atividade em vez de concentrações químicas.

1.2.3. Métodos cromatográficos

Nos métodos cromatográficos, ocorre a separação seletiva entre uma fase estacionária e uma fase móvel. Dessa forma, são analisados compostos dissolvidos por determinada substância (que pode ser sólida, líquida ou gasosa) e se faz a separação dos componentes da amostra. Cabe salientar que esse método possui alto grau de resolução, exatidão e precisão.

Entre os métodos cromatográficos estão a cromatografia em papel, de placa, gasosa e líquida. Eles podem ser classificados em cromatografia líquida (LC), cromatografia gasosa (CG) e cromatografia de fluidos supercríticos (SFC).

Conforme Gupta et al. (2011), existem ainda algumas técnicas hifenadas que se referem ao acoplamento de duas ou mais técnicas analíticas, visando obter uma ferramenta analítica mais eficiente e rápida que as técnicas não combinadas, tais como:

- cromatografia gasosa acoplada a espectrometria de massa (CG-MS).
- *Inductively Coupled Plasma Optical Emission Spectrometry* (HPL-ICP OES).
- *Inductively Coupled Plasma Mass Spectrometry* (HPLC-ICP-MS).

Resumo dos métodos instrumentais

Os métodos instrumentais, bem como suas propriedades físicas e químicas exploradas, estão resumidamente expostos no Quadro 1.7, a seguir.

Quadro 1.7 – Métodos instrumentais e suas respectivas propriedades

Propriedade característica	Método instrumental
Emissão de radiação	Espectroscopia de emissão atômica e molecular (RX [raios X], UV [ultravioleta], VIS [visível], luminescência).
Absorção de radiação	Espectroscopia de absorção atômica e molecular (UV, VIS, IV [infravermelho], RX).
Espalhamento de radiação	Turbidimetria e nefelometria
Difração de radiação	RX e elétrons
Potencial elétrico	Potenciometria, cronopotenciometria
Resistência elétrica	Condutimetria
Corrente elétrica	Amperometria; voltametria; polarografia
Massa	Gravimetria (microbalança de cristal de quartzo)
Relação massa/carga	Espectrometria de massas (CG-EM [cromatografia gasosa acoplada à espectrometria de massas] e CL-EM [cromatografia líquida acoplada à espectrometria de massas]
Características térmicas	TGA [Análise termogravimétrica], DSC [calorimetria exploratória diferencia], DTA [análise térmica diferencial]

Fonte: Holler, Skoog, Crouch, 2009, p. 51.

1.3 Como definir qual é a melhor técnica para a minha amostra?

Vamos analisar, agora, os pontos que devem ser considerados na escolha do melhor método a ser selecionado para a identificação e a quantificação de uma amostra.

1.3.1 Escolha do método

A primeira etapa de uma análise quantitativa se baseia na consideração da questão referente ao nível de exatidão e precisão requerido. Conforme apresentado por Skoog et al. (2007, p. 4), "infelizmente, a alta confiabilidade quase sempre requer grande investimento de tempo. Geralmente, o método selecionado representa um compromisso entre a exatidão requerida e o tempo e recursos disponíveis para a análise". O segundo ponto a ser levantado se refere ao fator econômico e à quantidade de amostras que poderão ser analisadas. Um número alto de amostras demanda maior tempo em operações preliminares, como montar e calibrar instrumentos e equipamentos e preparar soluções padrão.

Skoog et al. (2007, p. 5) mostram que, se houver "apenas uma única amostra, ou algumas poucas amostras, pode ser mais apropriado selecionar um procedimento que dispense ou minimize as etapas preliminares".

Ainda conforme os autores, a escolha do método sempre é influenciada pela complexidade e pelo número de componentes presentes na amostra (Skoog et al., 2007).

Características do método

Para Passos (2011), de maneira geral, ao se escolher o método, espera-se que tenha as seguintes características:

- seja eficiente, simples e rápido;
- não implique em danos aos materiais usados na análise;
- não seja passível de erros sistemáticos;
- tenha boa seletividade;
- se possível, que se precise de mínima manipulação;
- que seus resultados sejam obtidos com a máxima segurança operacional.

Quando Passos (2011) refere-se aos erros sistemáticos, significa, segundo Lowinsohn (2016c), que os equívocos em uma análise podem ser grosseiros, randômicos ou sistemáticos. Conforme Lowinsohn (2016c), os erros grosseiros são aqueles que podem ser facilmente reconhecidos e cuja solução é refazer todo o experimento. Já nos erros randômicos, ou aleatórios, há pequenas variações nas medidas de uma amostra, as quais são feitas sequencialmente, em condições de análise quase idênticas e pelo mesmo analista, que deve tomar todas as precauções necessárias. Esse tipo de erro não pode ser controlado. Por fim, os erros sistemáticos ou determinados são aqueles cuja fonte podem ser reconhecidas, podendo, assim, ser anulados ou corrigidos. Balança mal calibrada, deficiências de funcionamento e erros de operação são exemplos de erros randômicos (Lowinsohn, 2016c).

Já a respeito da seletividade, podemos afirmar que, junto da especificidade, é relacionada ao evento da detecção. Quando verificamos apenas uma resposta para um analito, o método é denominado *específico*. Porém, quando há respostas a variados analitos, com a possibilidade de se distinguir a qual analito se refere, chamamos o método de *seletivo* (Lowinsohn, 2016c).

Curiosidade

A análise instrumental orgânica é uma técnica muito interessante, uma vez que permite a utilização de amostras em seus mais diversos estados físicos – sólido, líquido e gasoso. Entre suas vantagens está a facilidade de preparação da amostra e a utilização de equipamentos versáteis para as análises químicas.

Exemplo prático

Os conhecimentos adquiridos são aplicados na prática em nosso cotidiano. Análises clássicas e instrumentais estão presentes em laboratórios universitários e industriais. Nesse sentido, podemos perceber que, sem a química analítica, não seria possível a determinação de compostos de importância ambiental, farmacológica, industrial, petrológica, mineralógica etc. Logo, em todos os setores, encontramos estudos sobre os compostos, os quais são avaliados em análises tanto qualitativas quanto quantitativas.

Luz, câmera, reflexão!

É importante reconhecer grandes nomes na área da química que trouxeram avanços relevantes para a ciência e a pesquisa. O filme *Marie Curie* (2014) aborda a vida de Marie Curie, uma física e química polonesa que recebeu Prêmio Nobel de Química e Física.

Importante!

Lembrem-se de que, na química analítica, a análise qualitativa é responsável pela identificação das diferentes espécies, enquanto sua concentração é realizada pela análise quantitativa. Sendo assim, as espécies químicas de interesse podem ser detectadas e quantificadas por diferentes técnicas instrumentais.

Síntese

Neste capítulo, vimos que a química analítica permite a identificação (qualitativa) e a verificação da quantidade (quantitativa) de determinado analito na amostra. Para tal, são utilizados os métodos clássicos e instrumentais. Entre os fatores para escolher os métodos analíticos a serem utilizados estão a faixa de concentração a ser analisada, o nível de acurácia (exatidão e precisão) pretendida, o custo e a quantidade da amostra disponível para análise.

Mostramos ainda que, na análise instrumental, as propriedades físicas do analito que podem ser medidas são a condutividade, o potencial de eletrodo, a absorção ou emissão de luz, a razão massa/carga e a fluorescência. Por fim, apresentamos as principais técnicas analíticas instrumentais, que são os métodos ópticos, eletroquímicos e cromatográficos.

Indicações culturais

SKOOG, D. A. et al. **Fundamentos de química analítica**. Tradução de Marco Tadeu Grassi e Célio Pasquini. São Paulo: Thomson, 2006.

Os autores apresentam, nessa obra, a diferenciação das análises qualitativa e quantitativa da química analítica.

VOGEL, A. I. **Química analítica qualitativa**. Tradução de Antonio Gimeno. 5. ed. São Paulo: Mestre Jou, 1981.

Nessa obra, Vogel indica as técnicas existentes para a realização das análises de identificação dos elementos químicos.

Para refletir

Skoog et al. (2007) apontam que "A química analítica é empregada na indústria, na medicina e em todas as outras ciências. Considere alguns exemplos. As concentrações de oxigênio e de dióxido de carbono são determinadas em milhões de amostras de sangue diariamente e usadas para diagnosticar e tratar doenças".

Com base nesse trecho, reflita: Quão importante é determinar, de maneira rápida e eficaz, a presença de oxigênio em casos de problemas respiratórios? Sabemos que a rápida indicação de falta de oxigenação no organismo garante a prevenção de doenças e, até mesmo, promove um tratamento adequado. Mais do que isso, como o oxigênio é vital, podemos garantir a sobrevivência do indivíduo.

Mãos à obra!

Para assimilar ainda mais o conhecimento adquirido, propomos que você faça uma lista de vantagens e desvantagens para a escolha da utilização de métodos clássicos ou instrumentais. Qual o método mais vantajoso de acordo com a disponibilidade de tempo, de materiais e de equipamentos?

Atividades de autoavaliação

1. Para determinar a concentração do analito em estudo, ou seja, realizar uma análise química quantitativa, podem ser estabelecidas etapas para alcançar os resultados almejados. Indique qual alternativa apresenta corretamente a sequência e as etapas a serem verificadas em uma análise:
   a) Obtenção de uma amostra representativa, calibragem do equipamento e apresentação dos resultados, apenas.
   b) Definição do problema, escolha do método, obtenção de amostra representativa, preparo e tratamento da amostra, calibração, análise química, tratamento e interpretação de dados e análise estatística dos resultados alcançados.
   c) Pré-tratamento da amostra, calibração, análise química, tratamento e interpretação de dados e análise estatística dos resultados alcançados.

d) Definição do problema analítico, análise química, tratamento e interpretação de dados e análise estatística dos resultados obtidos.
e) Coleta da amostra, análise química e divulgação dos resultados, apenas.

2. Qual das alternativas a seguir apresenta corretamente as considerações envolvidas na escolha de um método analítico?
   a) Toxicidade da amostra, necessidade de calibragem do equipamento e concentração da amostra.
   b) Nível de exatidão requerido, custos e quantidade de amostras, complexidade e número de componentes presentes da amostra.
   c) Custo da análise e nível de exatidão requerido, apenas.
   d) Disponibilidade de aparelhagem e de pessoal treinado.
   e) Concentração da amostra e seu nível de periculosidade.

3. Assinale a alternativa a que apresenta as vantagens e as desvantagens de se usar um método analítico clássico:
   a) Custo elevado, ideal para análises de rotina e não requer pessoal treinado.
   b) Possibilidade de análise de traços, porém necessita de pessoal treinado.
   c) Ideal para análises esporádicas, porém necessita de calibração no aparelho para a determinação dos traços.
   d) Baixo custo, aparelhagem de fácil aquisição, porém limitado a macroanálises.
   e) É utilizado somente para determinação de macroanálise e possui custo mais elevado.

4. Uma das metodologias da análise instrumental consiste em determinar a massa do analito ou de algum composto quimicamente relacionado a ele. A qual das metodologias a seguir se refere essa definição?
   a) Método eletroanalítico.
   b) Método volumétrico.
   c) Método gravimétrico.
   d) Método variado.
   e) Método espectroscópico.

5. Analise as afirmações a seguir e indique **V** para as verdadeiras e **F** para as falsas.
   ( ) A análise quantitativa é caracterizada como aquela em que se determina a identidade de diferentes tipos de elementos químicos.
   ( ) Na análise qualitativa, o objetivo é caracterizar os compostos presentes em uma amostra, sejam elementos, sejam íons e mesmo moléculas.
   ( ) A determinação da quantidade de um componente em uma amostra é realizada por meio de ensaios da análise quantitativa.
   ( ) A análise espacial de uma amostra corresponde à determinação de como tal analito está distribuído por uma amostra.
   ( ) Não é possível analisar como a quantidade ou a propriedade de um analito muda ao longo do tempo.

Agora, assinale a alternativa que apresenta a sequência correta:

a) V – V – F – F – F.
b) F – F – F – V – V.
c) V – F – V – F – V.
d) F – V – F – V – F.
e) F – V – V – V – F.

Atividades de aprendizagem
Questões para reflexão

1. Pesquisas têm indicado que as estações de tratamento de água, cujos tratamentos são convencionais, não estão conseguindo remover micropoluentes emergentes, como antibióticos, hormônios, hidrocarbonetos e pesticidas. Esses compostos normalmente estão em baixíssimas concentrações e, por isso, deve-se recorrer a metodologias de análise instrumental que consigam determinar elementos. Portanto os métodos a serem utilizados devem ser mais precisos e acurados e, dessa forma, também demandam análises mais custosas e que sejam realizadas por pessoal capacitado. Tendo isso em vista, reflita e escreva sobre quão perigoso é o acúmulo desses compostos na água ao longo do tempo, mencionando se as companhias de saneamento devem ou não divulgar mais sobre esse assunto e tomar medidas como a inserção de tratamentos terciários pra a remoção desses componentes específicos.

2. Nem todos os laboratórios possuem equipamentos sofisticados, razão por que é necessário recorrer a análises quantitativas convencionais. Um exemplo seria a análise de caracterização dos resíduos sólidos urbanos (RSU), na qual se verifica as porcentagens de cada componente relacionando com o peso total da amostra de lixo. Entre os principais componentes do RSU estão: papel, plástico, vidro, metal, material orgânico, entre outros. Reflita e escreva sobre a importância da caracterização correta do lixo e seu impacto sobre o meio ambiente, caso seja disposto de maneira incorreta.

Atividade aplicada: prática

1. Casos de contaminação alimentar causam repercussão no sentido de se descobrir qual produto químico causou o dano à saúde dos consumidores. Sendo assim, imagine que você trabalha em um laboratório que vai analisar essas amostras e precisa responder aos seguintes questionamentos:
    a) Qual a exatidão necessária?
    b) Qual a quantidade de amostra disponível?
    c) Qual é o intervalo de concentração do analito?
    d) Que componentes da amostra causarão interferência?
    e) Quais são as propriedades físicas e químicas da matriz da amostra?
    f) Quantas amostras serão analisadas?

    Logo, aponte e justifique a importância de se responder cada um dos questionamentos levantados.

Capítulo 2

Métodos espectrofotométricos

Neste capítulo, vamos compreender os princípios básicos da espectroscopia. Para isso, estudaremos sua aplicação à técnica de infravermelho, sua importância para a análise dos compostos orgânicos e para o processo de absorção. Além disso, vamos analisar a utilização dos conceitos de ligações químicas para o entendimento de seu comportamento. Também apresentaremos as partes componentes do espectrômetro de infravermelho e sistematizaremos o método de preparação das amostras para sua análise.

Para a Kasvi (2016), a espectrofotometria pode ser definida como o

> método que estuda a interação da luz com a matéria e a partir desse princípio permite a realização de diversas análises. Cada composto químico absorve, transmite ou reflete luz ao longo de um determinado intervalo de comprimento de onda. A Espectrofotometria pode ser utilizada para identificar e quantificar substâncias químicas a partir da medição da absorção e transmissão de luz que passa através da amostra.

Uma segunda forma de definir a espectrofotometria indica que cada cor específica estaria relacionada aos comprimentos de ondas de luz que a substância consegue ou não absorver ou transmitir.

Preste atenção!

Em uma análise, pode haver tanto a absorção como a reflexão da luz. De acordo com o comprimento de onda, pode-se identificar o elemento em análise.

Como cada cor tem um comprimento de onda diferente, quando a luz atinge algum objeto, alguns comprimentos de onda são absorvidos e outros são refletidos. Por exemplo, a clorofila absorve a luz vermelha e violeta e transmite luz amarela, verde e azul, mas os comprimentos de onda transmitidos e refletidos fazem com que percebamos a cor verde (Kasvi, 2016).

O espectrofotômetro – equipamento que mede e compara a quantidade de luz absorvida por uma substância – baseia-se nesse mesmo princípio de cor e comprimento de onda. Por meio disso, é possível realizar uma análise quantitativa e qualitativa para identificar e determinar a concentração das substâncias, conforme a interação destas com a luz (Kasvi, 2016).

Uma representação do espectrofotômetro é mostrada na Figura 2.1, a seguir.

Figura 2.1 – Espectrofotômetro

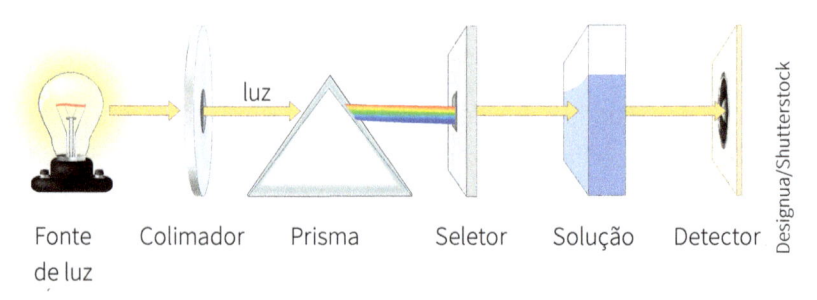

Fonte de luz | Colimador | Prisma | Seletor | Solução | Detector

Designua/Shutterstock

A espectrofotometria é bastante utilizada para análise em diversas áreas, como biologia, física, química, bioquímica, engenharia química, bem como em aplicações clínicas e industriais (Kasvi, 2016).

Entre suas diversas aplicações, o espectrofotômetro é utilizado, assim, em diversas situações, como a medição de determinados ingredientes em uma droga ou o diagnóstico de um paciente por meio da quantidade de ácido úrico em sua urina. Essas análises "podem ser quantitativas (identificação da concentração da substância) e qualitativas (identificação de uma substância desconhecida), já que cada substância irá refletir e absorver a luz de forma diferente" (Kasvi, 2016).

2.1 Princípios da espectroscopia na região do infravermelho

Cada ligação química das substâncias possui uma frequência de vibração específica, correspondente aos seus níveis de energia ou níveis vibracionais. Sendo assim, é possível analisar, pelo valor do pico de energia, qual a ligação correspondente e, assim, identificar a substância em questão.

Na Figura 2.2, a seguir, évemos a região do infravermelho (1000 mm a 0,01 cm).

Figura 2.2 – Região do infravermelho

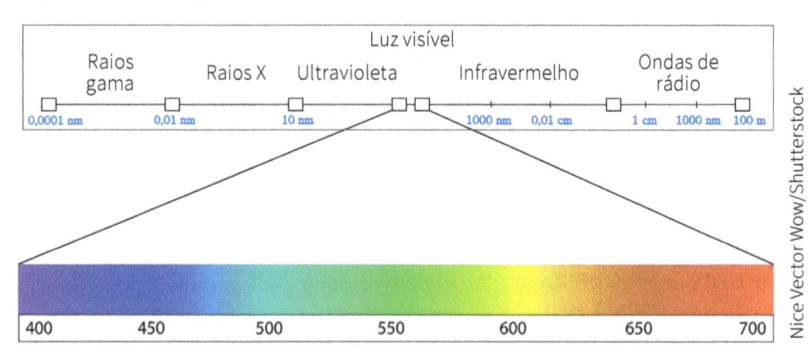

Para Bradley (2022), "FTIR significa infravermelho por transformada de Fourier e é o método preferido para espectroscopia de infravermelho". Na espectroscopia FTIR, de acordo com Jasco (2018), a substituição do monocromador dispersivo pelo interferômetro apresenta as seguintes vantagens:

- em virtude do design óptico livre de fenda, melhora o rendimento óptico, o que resulta em uma elevada razão sinal/ruído;
- é possível obter informações de diversos comprimentos de onda ao mesmo tempo, sem que sejam necessários uma grade ou um prisma móvel;
- com a utilização de uma fonte de *laser*, é possível obter uma amostragem de um sinal digital mais preciso e aumentar a distância de movimentação do espelho no interferômetro, o que melhora a resolução de número de onda;
- por meio da mudança de fonte de luz, do divisor de feixe e do detector, é possível obter uma faixa de medição de número de onda estendida para aplicações específicas, como infravermelho próximo ou distante.

Conforme a Jasco (2018), "os equipamentos de FTIR podem ser configurados para o desenvolvimento de medições microscópicas", o que permite que se mapeie e se crie uma imagem relativa às amostras por meio de reflexão ou de transmissão.

2.2 Processos de absorção no infravermelho

A espectroscopia, conforme Maxwell (2018, p. 9), "estuda a interação da radiação eletromagnética com a matéria, sendo um dos seus principais objetivos o estudo dos níveis de energia de átomos ou moléculas". Para o autor, as transições eletrônicas se situam na região do ultravioleta, ou visível; já as transições vibracionais ocorrem na região do infravermelho, enquanto as rotacionais ficam na região de micro-ondas, podendo ocorrer na região do infravermelho longínquo em casos particulares. Maxwell (2018, p. 9) também menciona que:

> Em uma molécula, o número de vibrações, a descrição dos modos vibracionais e sua atividade em cada tipo de espectroscopia vibracional (infravermelho e Raman) podem ser previstas a partir da simetria da molécula e da aplicação da teoria de grupo. Embora ambas as espectroscopias estejam relacionadas às vibrações moleculares, os mecanismos básicos de sondagem destas vibrações são essencialmente distintos em cada uma. Em decorrência disso, os espectros obtidos

apresentam diferenças significativas: quando da ocorrência de um mesmo pico nos espectros Raman e no infravermelho, observa-se que o seu tamanho relativo nos espectros é muito diferente. Existe, também, o caso cujo um certo pico aparece em um espectro e é totalmente ausente em outro. Devido a essas diferenças, a espectroscopia no infravermelho é superior em alguns casos e em outros a espectroscopia Raman oferece espectros mais úteis. De modo geral, pode-se dizer que as espectroscopias Raman e infravermelho são técnicas complementares.

Para o Laboratório de Arqueometria e Ciências Aplicadas ao Patrimônio Cultural (Lacapc, 2021), a espectroscopia Raman é "uma técnica que permite a identificação da estrutura química do material analisado". Nessa técnica, as informações são obtidas por meio do espalhamento que ocorre pela radiação eletromagnética após esta interagir com o material – orgânico ou inorgânico (Lacapc, 2021).

A respeito da espectroscopia no infravermelho, Maxwell (2018) afirma que, para que ela ocorra, deve haver uma variação no momento de dipolo elétrico da molécula. Isso ocorre em razão de seus movimentos no âmbito vibracional ou rotacional. Essa variação permite a interação entre a molécula e o campo elétrico, gerando os espectros da análise.

Cabe destacar que a vibração dos átomos no infravermelho ocorre no comprimento de onda, que varia entre 100 a 10000 cm^{-1}. Também sabe-se que os átomos nunca estão imóveis e que eles se movimentam nas três dimensões que configuram os seus graus de liberdade, os quais seriam os diferentes modos de vibração da molécula (Maxwell, 2018).

Na prática, nem sempre o número de modos normais de vibração corresponde ao número de bandas observadas no espectro. Isso ocorre graças à existência de vibrações de mesma energia (degenerescência), que apresentam a mesma frequência e, consequentemente, a mesma posição no espectro (Maxwell, 2018).

Além das frequências associadas às vibrações normais, Maxwell (2018, p. 10) indica que frequências adicionais podem aparecer no espectro, resultantes dos seguintes fatores: "Sobretons – bandas com valores de frequência correspondentes a múltiplos inteiros daqueles das vibrações normais. […]; Bandas de combinação – são combinações lineares das frequências normais ou múltiplos inteiros destas".

Maxwell (2018) aponta ainda que as atividades dos sobretons e das bandas de combinação podem ser deduzidas, porém suas intensidades sempre serão menores do que as dos modos normais.

Conforme Maxwell (2018, p. 11), as "vibrações moleculares podem ser classificadas em deformação axial (ou estiramento) e deformação angular e poder ser simétricas ou assimétricas", enquanto as vibrações angulares se subdividem em "no plano ou fora do plano".

A espectroscopia na região do infravermelho é intensamente utilizada para identificar compostos, pois o espectro infravermelho de determinado composto químico é considerado uma de suas principais propriedades físico-químicas (Maxwell, 2018).

Por fim, o espectro infravermelho também pode ser usado para a análise quantitativa, visto que a intensidade de uma banda é proporcional à concentração de determinado componente. Porém, quanto mais complexa for a mistura, maior será a dificuldade de identificação (Maxwell, 2018).

2.3 Propriedades das ligações químicas e seus reflexos no infravermelho

De acordo com Bueno (1989), "as ligações químicas das substâncias possuem frequências de vibração específicas, as quais correspondem a níveis vibracionais da molécula".

Os modos de vibração são divididos em dois tipos: (i) deformação axial (estiramento), que envolve alteração do comprimento da ligação; e ii) deformação angular (flexão), que envolve alteração do ângulo de ligação (Figura 2.3).

Figura 2.3 – Modos vibracionais de deformação

Deformações Axiais

Simétrica   Assimétrica

Deformações Angulares

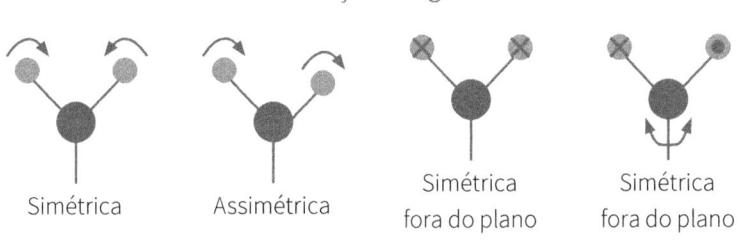

Simétrica   Assimétrica   Simétrica fora do plano   Simétrica fora do plano

Fonte: Macedo,a2017.

Os arocessos de absorção da radiação envolvem transições eletrônicas e vibracionais, que abrangem diferenças energéticas menores (Sousa, 2013). Nesse sentido, para Lordello (2017b), "quando uma molécula absorve a radiação na região do Infravermelho, passa para um estado de energia excitado. A absorção se dá quando a energia da radiação IV tem a mesma frequência que a vibração da ligação. Após a absorção, verifica-se que a vibração passa a ter uma maior amplitude".

Para ocorrer a absorção no infravermelho, de acordo com Lordello (2017b), é necessário compreender que:

- na região do infravermelho, nem toda molécula vai absorver.
- o momento de dipolo da ligação deve variar em função do tempo;
- ligações químicas simétricas não absorvem no infravermelho (como H_2, Cl_2, O_2).

A respeito da utilidade do infravermelho, sabe-se que, uma vez que cada tipo de ligação covalente apresenta uma diferente frequência de vibração natural, duas moléculas diferentes não deverão ter um mesmo comportamento (idêntico) de absorção no infravermelho ou espectro de infravermelho (Pavia et al., 2010).

Sobre o efeito da força de ligação, evidencia-se que, em geral, ligações triplas são mais fortes que ligações duplas, as quais, por sua vez, são mais fortes que uma ligação simples. Logo, "ligações mais fortes têm constantes de força K maiores e vibram em frequências mais altas do que as ligações mais fracas envolvendo as mesmas massas" (Pavia et al., 2010, p. 21).

Quando se analisa o efeito das massas, percebe-se que, à medida que o átomo ligado, por exemplo, a um átomo de carbono aumenta em massa, a frequência de vibração diminui. Assim, quanto maior a massa reduzida (μ), menor a frequência (Pavia et al., 2010).

2.4 Espectrômetro de infravermelho

O processo instrumental é composto por diversas etapas, elencadas, conforme (Leite, 2008), no quadro a seguir.

Quadro 2.1 – Etapas do processo instrumental

Partes da amostra/ do equipamento	Etapas do processamento instrumental
Fonte	A energia infravermelha é emitida por meio de uma fonte de corpo negro. Esse feixe passa por uma abertura que controla a quantidade de energia presente na amostra e, consequentemente, no detector.
Interferômetro	O feixe entra no interferômetro por onde é feita a "codificação espectral" e o sinal resultante do interferograma sai do interferômetro.
Amostra	O feixe entra no compartimento da amostra, a qual é atravessada pelo feixe ou o reflete, conforme o tipo de análise a ser feita. São absorvidas, nesta etapa, as frequências específicas de energia características de cada amostra.
Detector	Finalmente o feixe passa para o detector e segue para uma medição final. Os detectores utilizados são apropriados para medir o sinal especial do interferograma.
Computador	O sinal medido é digitalizado e enviado para o computador, no qual é feita a transformada de Fourier.

Fonte: Elaborado com base em Leite, 2008.

O espectro infravermelho final é, então, apresentado ao utilizador para interpretação e posterior manipulação.

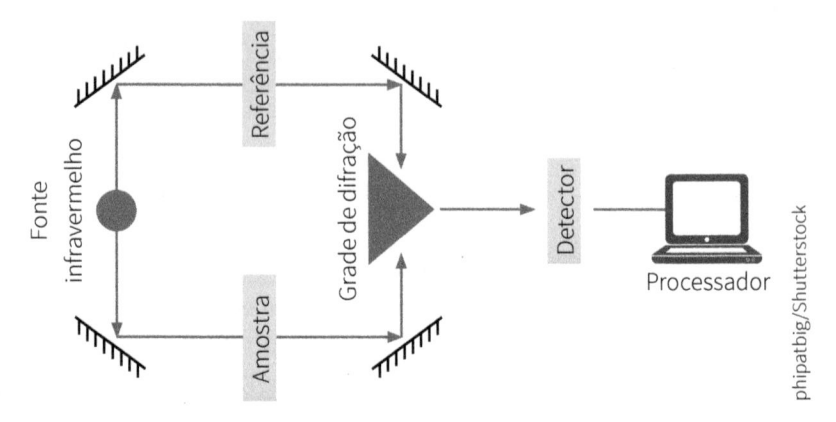

Figura 2.4 – Espectrômetro de infravermelho

Fonte: Oliveira et al., 2015, p. 85.

Um espectro de fundo deve ser medido visando se obter uma escala relativa para a intensidade de absorção do sinal. Para isso, pode-se utilizar uma análise com um "branco", ou seja, sem a amostra, e uma com a amostra, a fim de verificar suas diferenças. Cabe destacar que o espectro de fundo é uma característica do próprio equipamento, razão por que ele sempre vai reagir da mesma maneira. Por isso, uma vez determinado o espectro de fundo, ele poderá ser utilizado nas demais análises, a fim de se comprar os sinais com e sem amostra do analito pesquisado (Leite, 2008).

Já a espectroscopia de transmissão se baseia na absorção de radiação infravermelho, o que permite analisar amostras em diferentes estados físicos, ou seja, líquido, sólido ou gasoso (Leite, 2008).

Fique atento!

Na espectroscopia de infravermelho, é possível analisar componentes em diferentes estados físicos, pois seu intuito é identificar o componente pela quantidade de radiação que foi absorvida no procedimento amostral. Logo, quanto maior a concentração do elemento, maior será a absorção evidenciada.

Leite (2008, p. 10) afirma ainda que "para examinar amostras sólidas por espectroscopia infravermelho de transmissão existem três métodos mais comuns: pastilhas halogeneto alcalinas, maceração (*mulls*) e películas". Na técnica de maceração (*mulls*) de preparação de um sólido para a espectroscopia de IV, "este é moído numa pasta com um óleo, por exemplo parafina líquida ou óleo mineral, e a pasta resultante é colocada entre dois discos de cloreto de sódio" (Leite, 2008, p. 10).

O uso de pastilhas de halogeneto, conforme Leite (2008), provém de uma mistura da amostra sólida com um pó seco que normalmente é o brometo de potássio (na proporção de 2 a 3 mg de amostra para 200 mg de halogeneto). Depois a amostra é moída e prensada a $1,6 \times 10^5$ Kg.m^{-2}, obtendo-se uma pastilha limpa e translúcida. Leite (2008, p. 10) afirma que, "na espectroscopia de infravermelho, os espectros são normalmente representados como o inverso do comprimento de onda, expresso em cm^{-1}".

2.5 Preparação de amostras, análise e interpretação de resultados

Constituintes de materiais compostos podem ser analisados e identificados por **FTIR** quando se utiliza corretamente as diferentes técnicas de preparação de amostras. Marangon (2008, p. 33) informa que, no preparo, "as amostras líquidas podem ser prensadas entre duas placas de um sal de alta pureza (como o cloreto de sódio). Essas placas têm de ser transparentes à luz infravermelha e, dessa forma, não introduzirem nenhuma linha no espectro da amostra".

Após a análise, o equipamento produz um gráfico entre a intensidade de absorção *versus* o número de onda ($1/\lambda$), ou transmissão, pois a intensidade de absorção é diretamente proporcional à energia (E) e à frequência. Esse gráfico corresponde ao espectro de infravermelho e nele é possível observar algumas características dos picos de absorção (Lordello, 2017b).

Assim, de acordo com a intensidade e pela forma do pico de absorção – por exemplo, "quando uma absorção **intensa** e **estreita** aparece em 1715 cm^{-1} é característico de estiramento de ligação C=O (carbonila)" (Lordello, 2017b, p. 29, grifo do original). Lordello (2017b) lembra, no entanto, que o número de onda apenas pode não ser suficiente para caracterizar uma ligação. A ligação C=O e a ligação C=C absorvem na mesma região do espectro de infravermelho, mas não se confundem, pois, "enquanto a ligação C=O absorve intensamente, a ligação C=C absorve apenas fracamente (Lordello, 2017b, p. 31).

Quanto à forma, ela pode caracterizar melhor uma ligação, por isso é importante. As regiões das ligações N–H e O–H, nesse caso, sobrepõem-se. Já o grupo OH no ácido carboxílico absorve "largo" (2500–3500 cm^{-1}), em razão da forte "ligação de hidrogênio" (Lordello, 2017b, p. 53).

Sobre as variações de absorção do grupo C=O, Lordello (2017b, p. 48) aponta:

A conjugação do grupo C=O com C=C baixa a frequência da vibração de estiramento a ~1680 cm^{-1} (a ressonância aumenta a distância da ligação, dá característica de ligação simples).

- O grupo C=O de uma amida absorbe ainda a mais baixa frequência, 1640-1680 cm^{-1}.
- O C=O de um éster absorve ainda a frequência mais baixa, ~1730-1740 cm^{-1}.
- Grupos carbonila em anéis pequenos (menos de 5 carbonos) absorvem frequências superiores.

A preparação da amostra é muito importante, pois, assim, reduz-se os efeitos de interferências, permitindo uma análise mais clara dos compósitos presentes. Logo, quanto maior e mais intenso o espectro observado, maior a concentração do analito identificado.

Interpretação de espectros de IV para compostos orgânicos

No Quadro 2.2, a seguir, são apresentadas as regiões do espectro de infravermelho e as possíveis ligações a que estão relacionadas.

Quadro 2.2 – Regiões do espectro de infravermelho

4000-3000 cm^{-1}	3000-2000 cm^{-1}	2000-1500 cm^{-1}	1500-1000 cm^{-1}
O–H N–H C–H	C=C C=N	C=C C=O	C–O C–F C–Cl deformações
Energia ←			
Frequência ←			

Fonte: Pezzin, 2010, p. 5.

Absorções na região de 3600 a 2700 cm^{-1}

Nessa região, a absorção se associa às vibrações de deformação axial nos átomos de hidrogênio que estão ligados ao carbono, ao oxigênio e ao nitrogênio (C–H, O–H e N–H). No entanto, é necessário cuidar quanto à interpretação de bandas de fraca intensidade, pois elas podem ser harmônicas (2 vezes a frequência de bandas fortes na região de 1900-1500 cm^{-1}) (USP, 2020).

No Quadro 2.3, a seguir, são apresentados os grupos funcionais correspondentes às absorções verificadas.

Quadro 2.3 – Absorções na região de 3600 a 2700 cm^{-1}

Número de onda cm^{-1}	Grupo funcional	Comentários
3640-3610	O–H (livre)	Banda fina, mais forte quando medida em solução diluída.

(continua)

(Quadro 2.3 – continuação)

Número de onda cm^{-1}	Grupo funcional	Comentários
3600-3200	O–H (associado)	3600-3500: Banda fina resultante de ligações diméricas. 3400-3200: Banda forte, larga, resultante da associação polimérica. A intensidade da banda depende da concentração
3200-2500	O–H (quelato)	Ligação de hidrogênio intramolecular com C=O, NO$_2$: Banda larga, de intensidade normalmente fraca e a frequência é inversamente proporcional à força da ligação
3500-3070	N–H	a) NH$_2$ livre em aminas primárias – aminas primárias alifáticas: ~3500 – aminas aromáticas: ~3400 b) NH$_2$ livre em amidas: 3500-3400 c) NH$_2$ associado em aminas primárias – aminas alifáticas e aromáticas: 3400-3100 d) NH$_2$ associado em amidas: 3350-3100 e) NH livre em aminas secundárias: – aminas primárias alifáticas: 3350-3300 – aminas aromáticas: ~3450 – pirróis, indóis: ~3490 f) NH livre em amidas: 3460-3420 g) NH associado em aminas secundárias: 3400-3100 h) NH associado em amidas: 3320-3070
~3300	C–H de alcinos	Confirmado pela presença de uma banda de 2260-2100 (C≡C).

(Quadro 2.3 – conclusão)

Número de onda cm^{-1}	Grupo funcional	Comentários
3080-3020	C–H de alcenos	
~3030	C–H de aromáticos	Muitas vezes obscurecida.
2960-2850	C–H de alifáticos	CH_3, CH_2 (carbonos prim. e sec.): 2960-2850 CH (carbono terc.): 2890-2880
2820-2720	C–H de aldeídos	

Fonte: USP, 2020, p. 1-2.

Absorções na região de 2300 a 1900 cm^{-1}

A absorção nessa região está associada às vibrações de deformação axial de triplas ligações e duplas acumuladas (USP, 2020 Sousa, 2013). Os seus respectivos grupos funcionais são apresentados no Quadro 2.4, a seguir.

Quadro 2.4 – Absorções na região de 2300 a 1900 cm^{-1}

Número de onda cm^{-1}	Grupo funcional	Comentários
2275-2250	N=C=O (isocianatos)	Banda de forte intensidade.
2260-2200	C≡N (nitrilas)	a) Nitrilas conjugadas: 2235-2210 b) Nitrilas não conjugadas: 2260-2240
2260-2100	C≡C	Pode estar ausente em acetilenos simétricos.

(continua)

(Quadro 2.4 – conclusão)

Número de onda cm^{-1}	Grupo funcional	Comentários
~2260	N≡N (sais de diazônio)	
2175-2140	SC≡N (tiocianatos)	
2160-2120	–N=N=N (azidas)	
~2150	C=C=O (cetenas)	
2140-1990	N=C=S (isotiocianatos)	Banda larga e intensa.
~1950	C=C=C (alenos)	Duas bandas para alenos terminais ou Ligados a grupos de efeito –I.

Fonte: USP, 2020, p. 2.

Absorções na região de 1820 a 1495 cm^{-1}

De acordo com o quadro de valores de absorção no infravermelho para compostos orgânicos da USP (2020), temos que a "absorção nesta região está associada às vibrações de deformação axial de duplas ligações (não acumuladas) e deformações angulares de N–H e –NH$_2$. Na maioria dos casos, a posição da banda pode ser alterada por efeitos de conjugação ou efeito indutivo dos grupos substituintes".

Essas absorções e seus respectivos grupos funcionais correlacionados são apresentados no Quadro 2.5, a seguir.

Quadro 2.5 – Absorções na região de 1820 a 1495 cm^{-1}

Número de onda cm^{-1}	Grupo funcional	Comentários
1820 -1760	C=O de anidridos	Aparecem duas bandas, correspondentes aos dois grupos C=O.
1815-1790	C=O de cloreto de acila	Conjugação desloca a banda cerca de 20 cm^{-1} para frequência mais baixa.
1760-1710	C=O de ácidos carboxílicos	O monômero tem banda de ~1760 e o dímero, ~1710. Às vezes não se observa essa banda em solventes polares.
1750-1740	C=O de ésteres	Absorção sujeita a efeitos de conjugação e de efeito indutivo.
1740-1720	C=O de aldeídos	Absorção sujeita a efeitos de conjugação e de efeito indutivo.
1720-1700	C=O de cetonas	Somente para cetonas acíclicas (dialquilcetonas).

1700-1630	C=O de amidas	a) Amidas não substituídas
		   – livres: ~1690
		   – associadas: ~1650
		Efeito de conjugação ou efeitos indutivos causam deslocamento de cerca de 15 cm^{-1} para frequência mais alta. Em amidas cíclicas a frequência é aumentada de cerca de 40 cm^{-1} por unidade de decréscimo do tamanho do anel.
		b) Amidas N–substituídas: 1700-1630
		c) Amidas N, N–substituídas: 1670-1630 Apresentam uma única banda.

(continua)

(Quadro 2.5 – conclusão)

Número de onda cm^{-1}	Grupo funcional	Comentários
1675-1645	C=C	Intensidade usualmente de fraca a média. As bandas estão ausentes em alcenos simétricos. A presença de uma ou duas bandas adicionais de 1650-1600 ocorre em alcenos conjugados.
1600, 1580, 1500 e 1450	C=C de aromáticos	Vibrações de núcleos aromáticos. A banda de 1580 é intensa quando o grupo fenila é conjugado com insaturações ou mesmo ligado a átomos com pares de elétrons livres. A banda de 1450 geralmente é obscurecida e a banda de 1500 é normalmente mais forte
1590-1550	NH$_2$	Banda média a forte, correspondente à deformação angular simétrica no plano.
1560-1350	NO$_2$	Bandas fortes de deformação axial assimétrica e simétrica, respectivamente. Ambas estão sujeitas a efeitos de conjugação (a banda cai −30 cm^{-1}).
1580-1495	N-H	Banda fraca de deformação angular, muitas vezes obscurecida pela banda de 1.500 de aromáticos. Esta banda também é usada para caracterizar aminas e amidas secundárias.

Fonte: USP, 2020, p. 3-4.

Absorções na região de 1500 a 600 cm^{-1}

A absorção nessa região abrange vários tipos de vibração, como "deformações axiais e angulares de ligações C–O, C–N, C–C e C–X" (USP, 2020, p. 5). No Quadro 2.6, a seguir, são apresentados os grupos funcionais correspondentes às absorções observadas.

Quadro 2.6 – Absorções na região de 1500 a 600 cm^{-1}

Número de onda cm^{-1}	Grupo funcional	Comentários
1470-1430	CH$_2$	Deformação angular de –(CH$_2$)n– sendo que Para n > 3 a banda aparece na região por volta de 720 (deformação angular de cadeia).
~1420	CH$_2$ adjacente a carbonila	Deformação angular.
1390-1370	CH$_3$	Deformação angular. Em caso de dimetil geminal, a banda aparecerá como um duplete.
1400-500	C–X (X = halogênio)	a) C–F: 1.400-1.000 b) C–Cl: 800-600 c) C–Br: 750-500 d) C–I: ~500
1350-1310 e 1140-1200	SO$_2$ (sulfona)	Bandas intensas de deformação axial assimétrica e simétrica, respectivamente.
1420 e 1300-1200	C–O de ácidos carboxílicos	Aparecem duas bandas de deformação axial, devido ao acoplamento da deformação angular no plano da ligação O–H e a deformação axial de C–O.

(continua)

(Quadro 2.6 – continuação)

Número de onda cm^{-1}	Grupo funcional	Comentários
1300-1050	C–O de ésteres	a) Ésteres saturados: 1.300-1.050 b) Ésteres insaturados e aromáticos: 2 bandas (1.300-1.250 e 1.200-1.050)
1275-1020	C–O de éteres	a) Éteres alifáticos: 1.070-1.150 b) Éteres aromáticos e vinílicos: 2 bandas (1.200-1.275 e 1.020-1.075)
1200-1050	C–O de álcoois e fenóis	a) Álcool prim: ~1.050 b) Álcool sec: ~1.100 a) Álcool terc: ~1.150 a) Fenóis: ~1.200
1340-1250	C–N de aromáticos	
1280-1180	C–N de alifáticos	
1060-1040	S=O (sulfóxido)	Esta banda é deslocada de 10 a 20 cm^{-1}. Para frequência mais baixa por efeito de conjugação. Grupos metileno na posição alfa dão origem a uma banda de ~1.415.
990-910	RCH=CH$_2$	Deformação angular fora do plano.
970-960	–CH=CH–	
~920	O–H	Banda larga (deformação angular) de média intensidade, devido à deformação angular fora do plano da C=O de ác. carboxílicos.
895-885	R$_2$C=CH$_2$	
840-790	R$_2$C=CHR	C-H fora do plano.
730-675	–CH=CH–	C-H fora do plano.

(Quadro 2.6 – conclusão)

Número de onda cm^{-1}	Grupo funcional	Comentários
770-730 e 710-690	Anel aromático	Deformação angular de 5 H adjacentes (anéis monossubstituídos).
770-735	Anel aromático	Deformação angular de 4 H adjacentes (anéis ortossubstituídos). Outros exemplos: piridina ortossubstituída, naftalenos não substituídos em um dos anéis.
810-750 e 710-690	Anel aromático	Deformação angular de 3 H adjacentes (anéis metassubstituídos e 1,2,3-trissubstituídos). Outros exemplos: naftalenos monossubstituídos na posição alfa.
860-800	Anel aromático	2 H adjacentes (anéis para-substituídos e 1,2,3,4-tetrassubstituídos).
900-860	Anel aromático	H isolado: pode estar presente no benzeno meta-dissubstituído, além de outros aromáticos. A banda tem intensidade fraca.
790-730	Grupos etila e propila	Deformação angular ("rocking"). a) Etila: 790-720 b) Propila: 745-730
~720	$-(CH_2)_n-$ (para n>3)	Deformação angular de cadeia ("rocking").

Fonte: USP, 2020, p. 5-6.

Curiosidade

Antes de 1940, o processo de análise química era muito longo e trabalhoso, levando semanas para ser concluído e com uma precisão de apenas 25%. Em 1940, quando o espectrofotômetro foi introduzido, o processo ficou bem mais simples e rápido, necessitando de apenas alguns minutos para a análise.

Exemplo prático

A espectrofotometria é o método de análises óptico mais utilizado em investigações biológicas e físico-químicas. O espectrofotômetro é usado para medir determinados ingredientes em uma droga, medir o crescimento bacteriano ou diagnosticar um paciente com base na quantidade de ácido úrico presente em sua urina. Até mesmo os astrônomos usam essa técnica para avaliar a energia da radiação eletromagnética dos astros.

Luz, câmera, reflexão!

O INFORMANTE. Direção: Andrea Di Stefano. EUA: Netflix, 2019. 113 min.

A narrativa de *O informante* trata dos segredos da indústria do tabaco. Nesse filme, o espectrofotômetro é utilizado para a verificação de ingredientes presentes em uma droga.

Importante!

Para estimar o nível de um analito em uma solução, utiliza-se o método denominado *espectrofotometria*, no qual a concentração é diretamente proporcional à luz absorvida ou refletida em um comprimento de onda específico.

Síntese

Resumindo, de acordo com Leite (2008, p. 8):

> A espectroscopia de infravermelho estuda a vibração dos átomos da molécula quando recebe uma radiação. O espectro de infravermelho obtém-se, geralmente, pela passagem da radiação de IV através da amostra e pela determinação da radiação incidente absorvida a uma determinada energia.
> A energia de cada pico num espectro de absorção corresponde à frequência de vibração de parte da molécula da amostra.

Para que uma molécula apresente absorção infravermelho, deve possuir características específicas: o momento dipolar deve sofrer uma variação durante a vibração, por exemplo (Leite, 2008).

Para Hollas (2002, p. 102, tradução nossa) temos que: "O resultado de tal interação permite que os pesquisadores pressuponham a informação analítica na estrutura atômica ou molecular da matéria".

Indicações culturais

LACERDA JR., V. **Fundamentos de espectrometria e aplicações**.
São Paulo: Atheneu, 2018. (Série Química: Ciência e Tecnologia, v. 7).

Nessa obra, o autor apresenta as bases e os fundamentos relacionados às análises de espectrometria por meio das mais modernas e atuais aplicações tecnológicas.

BARBOSA, L. C. de A. **Espectroscopia no infravermelho na caracterização de compostos orgânicos**. Viçosa: Ed. UFV, 2007.

O autor apresenta, de maneira clara, a técnica para identificação das estruturas químicas dos compostos orgânicos.

Para refletir

Ceitil (2007, citado por Magalhães, 2014, p. 2) aponta que, "nos últimos anos, devido à sua versatilidade analítica, a espectroscopia NIR [de infravermelho] tem despertado grande interesse" nas indústrias quanto à a tecnologia analítica de processos, "devido às suas vantagens como ferramenta analítica".

Imagine uma situação em que determinado reagente extremamente puro teve seu rótulo rasurado e agora não se pode ter informações sobre seu nome, massa molar e fórmula química. É possível identificar qual reagente é esse, utilizando uma análise por infravermelho? Sabemos que sim. Então, reflita sobre quão importante é saber delimitar os picos de cada elemento em um espectro de maneira a trazer resultados confiáveis que indiquem corretamente a identificação dos reagentes.

Mãos à obra!

Com base nos conhecimentos aqui adquiridos, faça um esboço de como seriam e onde estariam os picos evidenciados no espectro de infravermelho de um aldeído de sua escolha.

Atividades de autoavaliação

1. Assinale a alternativa que define corretamente a espectroscopia no infravermelho:
    a) É baseada nas reações de neutralização, em que ocorre a liberação de compostos como sal e água, permitindo assim sua quantificação.
    b) A espectroscopia no infravermelho é um tipo de espectroscopia de emissão.
    c) Técnica em que há o isolamento e a identificação dos componentes por meio da cor da amostra.
    d) É uma ferramenta analítica útil para medir a razão massa-carga (m/z) de uma ou mais moléculas presentes em uma amostra.
    e) Parte do princípio de que cada ligação química tem uma frequência de vibração específica correspondente a um nível de energia molecular ou nível vibracional.

2. Cada ligação química corresponde a uma frequência de vibração específica, o nível vibracional molecular. Existem dois modos de vibração, um deles é a deformação axial (estiramento). Qual das alternativas apresenta o outro tipo de vibração?
   a) Deformação tridimensional.
   b) Deformação angular (flexão).
   c) Deformação curvilínea.
   d) Deformação retilínea.
   e) Deformação unidirecional.

3. Marque a alternativa que apresenta as possíveis formas de examinar amostras sólidas por espectroscopia infravermelho de transmissão:
   a) Maceração e solidificação.
   b) Pastilhas ácidas e grânulos.
   c) Maceração e pastilhas ácidas.
   d) Pastilhas halogeneto alcalinas, maceração (*mulls*) e películas.
   e) Pastilhas alcalinas de halogeneto e películas, somente.

4. A espectroscopia no infravermelho é a análise quantitativa de misturas de compostos. Sendo assim, pode-se afirmar que:
   a) a intensidade de uma banda de absorção é proporcional à concentração do componente que a causou.
   b) quanto maior a concentração de um elemento, menos intensa será sua banda.
   c) são evidenciados os processos de oxirredução na espectroscopia do infravermelho.

d) a espectroscopia no infravermelho apenas pode ser utilizada para detecção de compostos inorgânicos.
e) Não é necessário que um dipolo elétrico altere de frequência para que haja a transferência de energia.

5. Analise as afirmações a seguir e indique **V** para as afirmativas verdadeiras e **F** para as afirmativas falsas.
( ) Infravermelho longínquo é a região de baixa frequência (600 a 200 cm^{-1}), enquanto o infravermelho próximo, ou região de sobretons, é caracterizado como a região de frequência mais alta (4000 cm^{-1} até a região do visível).
( ) Por meio da absorção ou transmissão de luz, pode-se identificar e quantificar uma substância quimina na espectrofotometria.
( ) Apenas é possível utilizar as pastilhas de halogenato para examinar amostras sólidas por espectroscopia infravermelho de transmissão.
( ) Percebe-se que são mais fracas as ligações triplas do que as duplas, de forma que, quanto mais fracas as ligações, maiores serão as constantes de força K, além de vibrarem em frequências mais altas.
( ) No infravermelho, grupos carbonila em anéis pequenos (menos de 5 carbonos) absorvem frequências inferiores.

Agora, assinale a alternativa que apresenta a sequência correta:
a) V – V – F – F – F.
b) F – F – F – V – V.
c) V – F – V – F – V.
d) F – V – F – V – F.
e) F – V – V – V – F.

Atividades de aprendizagem
Questões para reflexão

1. O petróleo é uma mistura altamente complexa de milhares de compostos orgânicos diferentes, formados por uma variedade de matéria orgânica convertida quimicamente sob condições geológicas apropriadas e em períodos de tempo muito longos. O petróleo, por exemplo, pode ser caracterizado pela aplicação da espectroscopia de infravermelho. De acordo com Donoso (2022, p. 3), "a vibração deve provocar mudanças no momento dipolar elétrico. Um dipolo oscilante gera um campo elétrico o qual interage com a componente elétrica da radiação eletromagnética." Sendo assim, haverá uma intensidade na banda de absorção conforme o número de ligações no analito. Sabendo que uma mistura muito complexa pode oferecer resultados analíticos não claros, com efeitos sobre as massas que, em maiores quantidades causam a diminuição da frequência, como um analista deve realizar as análises de petróleo? Com maior ou com menor massa? Justifique e aponte formas de melhorar o procedimento amostral.

2. A alimentação saudável promove a saúde e fortalece o sistema imunológico das pessoas. Dentre os alimentos que vêm ganhando espaço no dia a dia das pessoas estão os cereais e os grãos. Estudos mostram que se pode utilizar a espectroscopia no infravermelho para prever a quantidade de ácidos graxos nas linhaças dourada e marrom, por exemplo.

Nesse método, verifica-se que as vibrações dos elementos promovem deformações angulares e axiais nas amostras. Sabendo que essas deformações estão correlacionadas com a flexão e o estiramento, explique sucintamente como ocorrem essas movimentações e as diferencie entre si.

Atividade aplicada: prática

1. Nos últimos anos, as indústrias farmacêuticas vêm tornando-se evidentes no mercado mundial. Contudo, há uma necessidade de desenvolvimento de métodos de controle e gestão da qualidade. Nesse cenário, observou-se a necessidade de avaliar a utilização do infravermelho no controle de qualidade de medicamentos, destacando a importância da espectroscopia no infravermelho (IV). Nesse âmbito, a espectroscopia de infravermelho é uma ferramenta de grande serventia para o controle de qualidade na indústria farmacêutica, como na identificação de medicamentos. Trata-se de "um dos sistemas que assegura a qualidade, a segurança e a eficácia dos medicamentos, aliado à Garantia da Qualidade" (Lima, 2019, p. 18). Tendo isso em vista e o conteúdo apresentado neste capítulo, faça uma lista com as vantagens da utilização da espectroscopia de infravermelho.

Capítulo 3

Métodos cromatográficos

O objetivo deste capítulo é avaliar os conceitos e as definições sobre as técnicas cromatográficas em camada delgada e de partição aplicadas à análise de compostos orgânicos. Para isso, vamos identificar os tipos de análises cromatográficas e compreender os princípios teóricos que fundamentam a análise cromatográfica de camada delgada e a líquida de partição.

A cromatografia é um processo de separação e identificação de componentes de uma mistura. Seu nome vem do grego *chroma*, que significa "cor", e *graphein*, que quer dizer "escrever". Logo, ela é descrita como a identificação de cor evidenciada ao longo da utilização do método.

3.1 Princípios e tipos de análises cromatográficas

Para que a análise seja representativa, é importante que seja executada corretamente, entendendo seus princípios e determinando qual o tipo analítico mais adequado para a amostra em questão.

3.1.1 Princípios da cromatografia

Para Magalhães (2011), essa técnica é baseada na migração dos compostos da mistura, os quais apresentam diferentes interações por meio de duas fases: fase móvel e fase estacionária. Seguem suas definições no Quadro 3.1, a seguir.

Quadro 3.1 – Definições da cromatografia

Item	Caracterização
Fase móvel	Fase em que os componentes a serem isolados "correm" por um solvente fluido, que pode ser líquido ou gasoso.
Fase estacionária	Fase fixa, em que o componente que está sendo separado ou identificado vai se fixar na superfície de outro material líquido ou sólido.
Eluição	Trata-se da corrida cromatográfica.
Eluente	É a fase móvel, em que um tipo de solvente vai interagir com as amostras e promover a separação dos componentes.

Fonte: Elaborado com base em Magalhães, 2011.

Na cromatografia, evidencia-se, então, a passagem de uma fase móvel para uma fase estacionária, em que componentes são separados de acordo com a afinidade entre as duas fases. Essa movimentação pode ocorrer em uma coluna ou em uma placa, ficando os componentes retidos na fase estacionária, o que serve para identificar, purificar e separar os componentes do analito (Magalhães, 2011).

3.1.2 Tipos de análises cromatográficas

Os critérios em que se baseia a divisão dos tipos de cromatografia, segundo Magalhães (2011), podem ser os seguintes: forma física do sistema cromatográfico, fase móvel e fase estacionária empregada, os quais serão vistos na sequência.

Serra e Barboza (2012) subdividem os tipos de cromatografia da seguinte maneira:

- **De acordo com o tipo de sistema cromatográfico**: Em coluna (cromatografia líquida, gasosa e supercrítica) ou planar (em papel, camada delgada e centrífuga ou *chromatotron*).
- **De acordo com o tipo de fase móvel**: Cromatografia Gasosa (CG), Cromatografia Gasosa de Alta Resolução (CGAR), Cromatografia Líquida Clássica (CLC), Cromatografia Líquida de Alta Eficiência (CLAE) e Cromatografia Supercrítica (CSC).
- **De acordo com o tipo de fase estacionária**: Líquida, sólida e quimicamente ligadas.
- **De acordo com o modo de separação**: Por adsorção, por partição, por troca iônica e por afinidade.

3.1.2.1 Forma física do sistema cromatográfico

Nesse critério, são evidenciados os seguintes tipos: cromatografia em coluna e cromatografia planar.

Cromatografia de coluna

Sobre a cromatografia de coluna, Magalhães (2011) menciona:

> A cromatografia em coluna é a mais antiga técnica cromatográfica. É uma técnica para separação de componentes entre duas fases, sólida e líquida, baseada na capacidade de adsorção e solubilidade. O processo ocorre em uma coluna de vidro ou metal, geralmente, com uma torneira na parte inferior.

Preenche-se a coluna com o adsorvente mais apropriado, o qual permitirá o fluxo do solvente (Magalhães, 2011), conforme apresentado na Figura 3.1, a seguir.

Figura 3.1 – Cromatografia de coluna

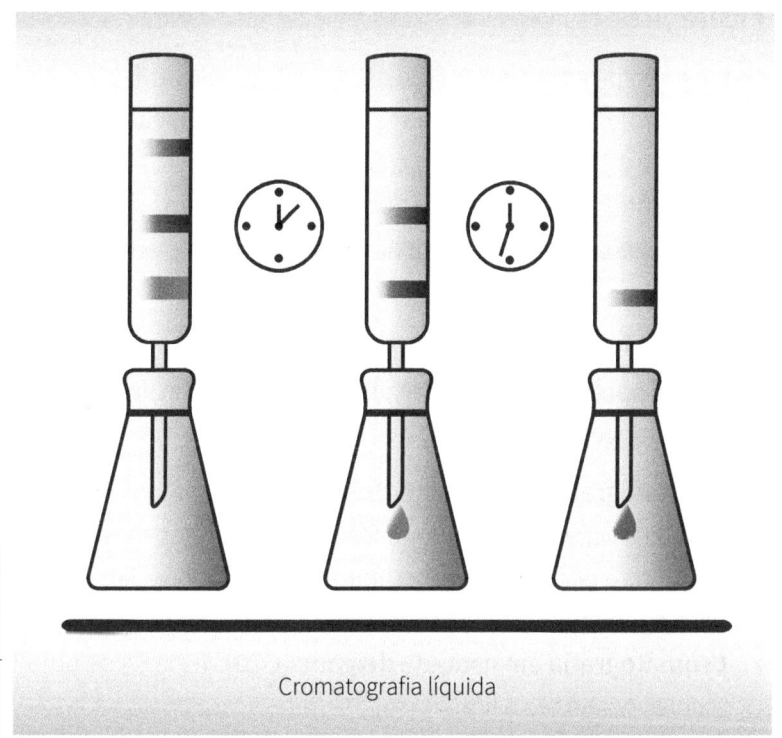

Cromatografia líquida

Fonte: DariaRen/Shutterstock

Na análise, deve-se colocar na coluna um eluente que tenha menor polaridade e, posteriormente, são utilizados vários eluentes sequencialmente, visando ao aumento da sua polaridade e, consequentemente, a promoção do arraste de substâncias que sejam mais polares (Magalhães, 2011).

Magalhães (2011) ainda comenta que "os diferentes componentes da mistura irão se mover em velocidades distintas, conforme a afinidade com o adsorvente e eluente", possibilitando assim que os componentes sejam separados.

Fique atento!

Ao longo do processo de análise de cromatografia, verifica-se que, quanto maior a afinidade dos elementos com o eluente, mais rápida será a sua identificação, pois serão os primeiros elementos a se separarem dos demais constituintes da amostra.

Cromatografia planar

Conforme apresentado por Magalhães (2011), a cromatografia planar abrange dois tipos:

1. **Cromatografia em papel (CP)**: Recebe esse nome porque a separação e a identificação dos componentes da mistura ocorrem sobre a superfície de um papel filtro, correspondendo à fase estacionária.
2. **Cromatografia em camada delgada (CCD)**: Trata-se de uma técnica destinada a líquido-sólido. Nela, a fase líquida sobe por uma camada fina de adsorvente, a qual está em cima de um suporte, que pode ser uma placa de vidro colocada dentro de um recipiente fechado. Nessa ascensão, os compostos que interagiram menos na fase estacionária serão mais arrastados pelo solvente, o que vai provocar a separação dos componentes mais adsorvidos (Magalhães, 2011).

3. **_Chromatotron_ ou centrífuga**: É uma cromatografia de camada fina preparativa acelerada centrifugamente. Pode substituir pequenas colunas e HPLC (_High-performance liquid chromatography_, ou Cromatografia líquida de alta eficiência – CLAE) (Serra; Barbosa, 2012).

Preste atenção!

A diferença entre a cromatografia em papel e a em camada delgada é que, na primeira, utiliza-se um papel de celulose como fase estacionária, enquanto na segunda é usada alumina ou sílica gel como fase estacionária.

Na Figura 3.2, a seguir, é apresentado o esquema da cromatografia em papel. Note como, ao longo do processo, os componentes vão sendo separados.

Figura 3.2 Cromatografia em papel (CP)

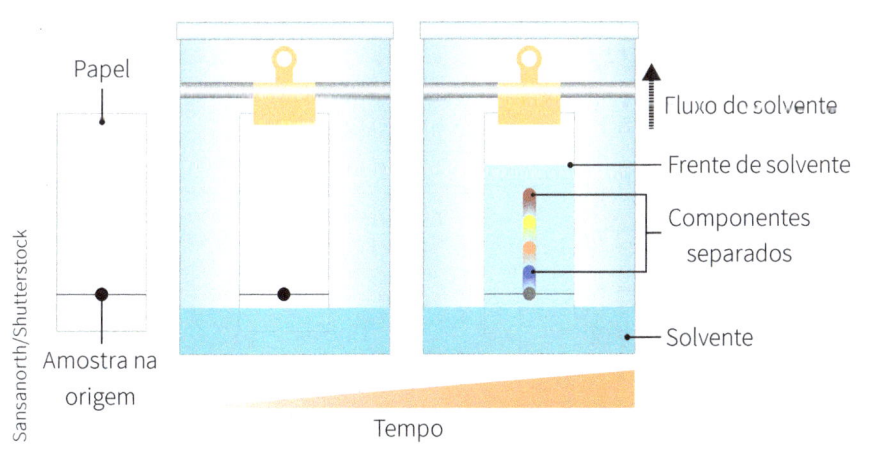

- Papel
- Amostra na origem
- Fluxo de solvente
- Frente de solvente
- Componentes separados
- Solvente
- Tempo

Sansanorth/Shutterstock

Na Figura 3.3, por sua vez, vemos o esquema da cromatografia em camada delgada.

Figura 3.3 – Cromatografia em camada delgada (CCD)

Rattiya Thongdumhyu/Shutterstock

Os tipos de cromatografia conforme a forma física do sistema, estão resumidos na Figura 3.4.

Figura 3.4 – Representação esquemática dos diferentes tipos de cromatografia

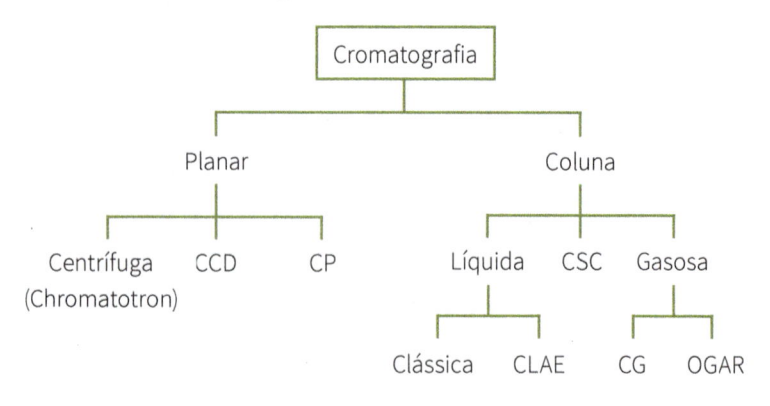

```
                        Cromatografia
                       /            \
                    Planar          Coluna
                   /  |   \        /   |   \
          Centrífuga CCD  CP   Líquida CSC Gasosa
        (Chromatotron)          /   \      /   \
                            Clássica CLAE CG  OGAR
```

Fonte: Degani; Cass; Vieira, 1988, p. 22.

3.1.2.2 Fase móvel empregada

O que é a fase móvel da cromatografia?

A fase móvel é aquela em que os componentes, quando ficam isolados, movem-se por um solvente fluido, que pode ser líquido ou gasoso. Vamos analisar, agora, as diferentes fases móveis, de acordo com os diferentes tipos de cromatografia existentes.

Cromatografia gasosa

De acordo com Magalhães (2011), no processo de cromatografia gasosa, há a separação dos componentes da mistura por meio de uma fase gasosa móvel sobre um solvente. É realizado em um tubo estreito, "no qual os componentes da mistura irão passar por uma corrente de gás, que representa a fase móvel, em fluxo do tipo coluna" (Magalhães, 2011). Esse tubo representa a fase estacionária.

A separação dos componentes acontece na fase estacionária, por meio da estrutura química do composto e da temperatura da coluna (Magalhães, 2011).

Cromatografia líquida

É composta pela a cromatografia líquida clássica (CLC) e pela cromatografia líquida de alta eficiência (CLAE). Na cromatografia líquida, de acordo com Magalhães (2011), "a fase estacionária é constituída de partículas sólidas organizadas em uma coluna, a qual é atravessada pela fase móvel". É possível perceber, assim, que as CLCs e CLAEs pertencem às duas fases, estacionária e móvel.

Na CLC, a coluna é preenchida apenas uma vez, já que adsorve de maneira irreversível. Já na CLAE utiliza bombas de alta pressão para eluir a fase móvel, a fim de que esta migre a uma velocidade razoável ao longo da coluna (Magalhães, 2011).

Cromatografia supercrítica

Segundo Magalhães (2011), a cromatografia supercrítica é caracterizada pela utilização, na fase móvel, de vapor pressurizado, acima de sua temperatura crítica. O eluente supercrítico mais utilizado é o dióxido de carbono.

3.1.2.3 Fase estacionária empregada

É a fase em que o componente em seu processo de separação ou identificação ficará fixo na superfície de outro material líquido ou sólido, podendo ser líquida ou sólida. Na fase estacionária líquida, "o líquido é adsorvido sobre um suporte sólido ou imobilizado sobre ele", enquanto na fase estacionária sólida "a fase fixa é um sólido" (Magalhães, 2011).

3.2 Cromatografia em camada delgada

É a técnica mais utilizada, por isso será tratada aqui.

A cromatografia em camada delgada (CDD), de acordo com Amorim (2019, p. 25), "é uma técnica de adsorção líquido—sólido", em que ocorre a separação dos componentes da mistura de acordo com "a migração diferencial sobre uma camada delgada de adsorvente, fixo numa superfície plana, por meio de uma fase móvel (um líquido ou misturas de líquidos)".

3.2.1 Aplicações da cromatografia em camada delgada

De acordo com Amorim (2019), dentre as possíveis aplicações da CCD, estão o estabelecimento da identidade de dois compostos; a definição do número de componentes que há em uma mistura; a definição do solvente mais indicado para a separação por cromatografia em coluna; o acompanhamento da separação realizada por cromatografia em coluna mediante a identificação de frações coletadas; a verificação da eficiência de uma separação; e o monitoramento do andamento de uma reação.

3.2.2 Fundamentação teórica da cromatografia em camada delgada

Amorim (2019) aponta que o principal mecanismo de separação é o de adsorção, que pode ser por partição ou troca iônica, a qual visa a separação conforme a afinidade dos componentes da mistura com a fase estacionária. Os adsorventes mais utilizados são: sílica, alumino, celulose, terra diatomácea e poliamida.

Cabe ressaltar que o adsorvente é um pó insolúvel, finamente dividido, inerte e capaz de adsorver as toxinas ou outras substâncias em sua superfície.

A CCD é uma técnica muito utilizada nos laboratórios de química orgânica em razão de seu fácil desempenho, além da possibilidade de avaliar rapidamente amostras muito pequenas, de tamanho variando entre 1 a 100 µg (Amorim, 2019).

A técnica consiste em aplicar uma fina camada do adsorvente pulverizado em uma placa lisa e plana de vidro ou alumínio. Para fixar o adsorvente, usa-se gesso ou álcool polivinílico (Ramos et al., 2010). Assim, o eluente, por força da capilaridade, percorre a fase fixa em movimento ascendente, carreando consigo os componentes da amostra.

Nesse sentido, de acordo com Amorim (2019, p. 26, grifo do original):

> Diferentes compostos ascendem a diferentes alturas, dependendo de suas estruturas moleculares. A técnica é notadamente útil no caso de compostos pouco voláteis ou sensíveis ao calor, isto é, substâncias para as quais a cromatografia em fase gasosa é inadequada. [...] O parâmetro mais importante a ser considerado em CCD é o **fator de retenção** (Rf), o qual é a razão entre a distância percorrida pela substância em questão e a distância percorrida pela fase móvel. Os valores ideais para Rf estão entre 0,4 e 0,6.

Mais adiante, o Quadro 3.2 apresenta uma relação em ordem crescente de polaridade dos solventes mais utilizados na cromatografia. Para modular a polaridade, é possível utilizar misturas de dois ou mais solventes como eluentes.

A melhor mistura, conforme relata Amorim (2019, p. 26), "é a de acetato de etila com éter de petróleo ou hexano", pois contém solventes mais baratos, voláteis e de baixa a regular toxicidade

Quadro 3.2 – Solventes para cromatografia em ordem crescente de polaridade

Solvente		
Éter de petróleo	Clorofórmio	Álcool n-propílico
Ciclohexano	Éter etílico	Etanol
Tetracloreto de carbono	Acetato de etila	Metanol
Benzeno	Piridina	Água
Cloreto de metileno	Acetona	Ácido acético

Fonte: Amorim, 2019, p. 27.

3.2.3 Vantagens e desvantagens da cromatografia em camada delgada

De acordo com Serra e Barboza (2022, p. 35), as vantagens apresentadas pela aplicação da CCD são: "fácil execução; maior rapidez; menor trajeto da fase móvel; boa resolução; manchas em geral menos difusas; baixo custo; versatilidade".

Já as desvantagens de aplicação da CCD são as seguintes (Serra; Barboza, 2022) :

- não é fácil de ser reproduzida, pois a confecção de duas placas idênticas, com a mesma quantidade de amostra, é muito difícil;
- a determinação exata do Rf (fator de retenção) é muito complexa.

3.2.4 Interpretação da cromatografia em camada delgada

Para localizar componentes de amostra depois da separação, são utilizados diversos métodos. Dois métodos comuns, que podem ser aplicados à maioria das misturas orgânicas, envolvem a aplicação de um nebulizador com solução de iodo ou de ácido sulfúrico, uma vez que ambas as soluções reagem com compostos orgânicos, dando origem a produtos escuros. Vários reagentes específicos, como a ninidrina, são utilizados para localizar espécies separadas (Holler; Skoog; Crouch, 2009).

Outro método de detecção baseia-se na incorporação de um material fluorescente na fase estacionária. Após o desenvolvimento, a placa é examinada sob a luz ultravioleta. A fluorescência do material é extinguida pelos componentes da amostra, de modo que toda a placa fluoresce, com exceção do local em que estão localizados os componentes não fluorescentes da amostra (Holler; Skoog; Crouch, 2009).

Uma avaliação semiquantitativa dos componentes presentes na amostra pode ser obtida ao se comparar a área da mancha com a de um padrão. Para obter dados mais precisos, raspa-se a mancha da placa e extrai-se o analito da fase estacionária sólida, medindo-o por meio de um método físico ou químico apropriado. Um terceiro método consiste na utilização de um densitômetro de varredura para medir a radiação emitida pela mancha por fluorescência ou por reflexão (Holler; Skoog; Crouch, 2009).

3.3 Cromatografia líquida de partição

A segunda técnica mais comumente utilizada em laboratórios de orgânica é a cromatografia líquida de partição, razão por que trataremos sobre ela mais detalhadamente a seguir.

O mecanismo de separação (ou de distribuição), para Amorim (2019, p. 12), na cromatografia líquida de partição, apoia-se em "diferentes solubilidades que apresentam os componentes da amostra na fase móvel e na fase estacionária. Dessa forma, os componentes mais solúveis na fase estacionária são seletivamente armazenados por ela, enquanto os menos solúveis são conduzidos mais rapidamente pela fase móvel".

O maior problema desse tipo de técnica, para Amorim (2019, p. 12), "é a solubilidade da fase estacionária na fase móvel, o que rapidamente inutiliza a coluna, levando à não reprodutibilidade nas separações repetitivas". Para a autora, essa questão pode ser solucionada mediante a saturação da "fase móvel com a fase estacionária por meio de uma pré-coluna, colocada antes do injetor, que contenha uma alta percentagem de fase estacionária" ou pela utilização de "materiais que contenham a fase estacionária, quimicamente ligada a um suporte sólido" (Amorim, 2019, p. 12).

3.3.1 Fundamentos da cromatografia líquida de partição

Para Amorim (2019, p. 12): "Um princípio básico fundamental na cromatografia de partição é: 'semelhante separa semelhante', ou seja, substâncias apolares dissolvem-se e são separadas em fases apolares. Substâncias polares demandam fases estacionárias ainda mais polares".

Na cromatografia por partição, a fase estacionária é um líquido que não se mistura com a fase móvel. Subdivide-se em cromatografia por partição líquido-líquido, cuja fase estacionária é um solvente que é imobilizado por adsorção, e cromatografia por partição com fase ligada, na qual a fase estacionária é um composto orgânico imobilizado por ligações químicas (Silva, 2015b).

Leite et al. (2005) mencionam que uma das formas da cromatografia de partição líquido-líquido é a cromatografia contracorrente (CCC), na qual não se utiliza o adsorvente. "Essa técnica consiste na utilização de duas fases líquidas imiscíveis, em que uma é a fase móvel e a outra, a fase estacionária" (Leite et al., 2005, p. 983).

Além disso, os autores indicam que:

A distribuição do soluto em cada uma das fases é determinada através de seus respectivos coeficientes de partição. Esta técnica é amplamente utilizada na separação de produtos naturais, pois, devido à ausência de suporte sólido, evita problemas como a adsorção irreversível das amostras e a degradação de seus constituintes. (Leite et al., 2005, p. 983)

Curiosidade

A cromatografia surgiu em 1900, quando o botânico russo Mikhail Semenovich Tswett estudava a clorofila. Para separar os pigmentos das folhas das plantas, ele utilizou uma coluna de absorção líquida contendo carbonato de cálcio.

Exemplo prático

A cromatografia é muito utilizada para separar e identificar compostos químicos de origem biológica. Um exemplo é sua aplicação na indústria de petróleo, em que é utilizada para analisar a mistura de hidrocarbonetos.

Luz, câmera, reflexão!

O filme *Blade Runner: o caçador de androides* (1982) é uma ficção científica que se passa na cidade de Los Angeles, um local que está totalmente poluído por uma chuva ácida. Os componentes responsáveis pela acidificação da atmosfera que causam a chuva ácida podem ser determinados pelo método da cromatografia.

Importante!

A técnica de cromatografia tem alta resolução e permite a identificação de compostos que estejam em concentrações de nano e pictogramas. Para tal, baseia-se em propriedades específicas, tais como solubilidade, tamanho e massa.

Síntese

Neste capítulo, tratamos sobre as técnicas de cromatografia e suas subdivisões de acordo com o tipo de sistema cromatográfico, o tipo de fase móvel, o tipo de fase estacionária e, ainda, conforme o modo de separação.

Mostramos ainda a possibilidade de quantificar uma amostra utilizando a técnica de cromatografia, que permite a separação dos componentes conforme a sua finalidade com o fluido (fase móvel ou eluente) e um adsorvente (fase estacionária).

Nosso foco foi a cromatografia em camada delgada (CCD), que é uma técnica muito utilizada nos laboratórios de química orgânica, na qual, conforme o solvente sobe pela placa, a amostra é separada entre a fase líquida móvel e a fase sólida estacionária, permitindo a sua quantificação.

Por fim, discutimos sobre outra técnica comumente utilizada, a cromatografia líquida de partição, na qual a base de separação está relacionada às diferenças de solubilidade dos componentes na fase estacionária (líquido) e na fase móvel (líquido).

Indicações culturais

COLLINS, C. H.; BRAGA, G. L.; BONATO, P. S. (Org.). **Fundamentos de cromatografia**. Campinas: Ed. da Unicamp, 2006.

Esse livro apresenta diferentes conhecimentos para apresentar técnica cromatográfica por meio de uma linguagem acessível e atualizada.

LANÇAS, F. M. **Cromatografia líquida moderna**. HPLC/CLAE. 2. ed. Campinas: Átomo, 2016.

Nessa obra, o autor descreve as bases teóricas da cromatografia, além de promover o entendimento a respeito dos processos de operação e validação.

Para refletir

Silva e Collins (2011) mostraram como é possível utilizar a cromatografia líquida de alta eficiência para determinar a concentração de poluentes emergentes, visando verificar se o seu valor está de acordo com o permitido, estabelecido pela legislação.

Entre os poluentes emergentes existentes, temos: farmacêuticos, hormônios, pesticidas, entre outros. Sendo assim, reflita sobre a importância da cromatografia na determinação da concentração de poluentes orgânicos emergentes na concentração da água de consumo, que, nesse caso, é baixíssima, mas pode ter efeito sobre a saúde ambiental.

Mãos à obra!

Para aprofundar seus conhecimentos, faça uma listagem das técnicas cromatográficas existentes e aponte, resumidamente, quais são as diferenças entre elas que devem ser consideradas na tomada de decisão para análise de compostos orgânicos.

Atividades de autoavaliação

1. A cromatografia pode ser dividida em planar ou em coluna. Sobre isso, aponte a alternativa que apresenta os critérios que também podem ser usados para classificar os tipos de cromatografia existentes:
   a) Separação de material sólido, líquido ou gasoso.
   b) Gravimetria e titulometria.
   c) Forma física do sistema cromatográfico, fase móvel e fase estacionária empregada.
   d) Tamanho da molécula a ser analisada, pH amostral e solubilidade dos analitos.
   e) Compostos orgânicos e inorgânicos.

2. Qual das alternativas a seguir apresenta corretamente a subdivisão da cromatografia plana?
   a) Cromatografia *chromatotron*, cromatografia líquida e cromatografia gasosa.
   b) Cromatografia em papel, cromatografia em camada delgada e cromatografia *chromatotron*.

c) Cromatografia em papel, cromatografia líquida e cromatografia gasosa.
d) Cromatografia de camada delgada, cromatografia *chromatotron* e cromatografia gasosa.
e) Cromatografia líquida, cromatografia supercrítica e cromatografia gasosa.

3. Qual das alternativas a seguir apresenta a definição da cromatografia em papel?
   a) Nessa técnica, caracterizada como líquido-sólido, evidencia-se a fase líquida ascendendo por uma fina cama de adsorvente sobre um suporte, que normalmente é uma placa de vidro colocada dentro de um recipiente fechado.
   b) É realizada em uma camada fina preparativa acelerada centrifugamente, que apenas pode ser substituída por pequenas colunas e HPLC.
   c) Nessa técnica, há a possibilidade de vaporizar as amostras sem que estas se decomponham.
   d) Técnica líquido-líquido, na qual um deles fica fixo a um suporte sólido e sua separação e identificação acontecem em uma superfície de papel filtro (fase estacionária).
   e) Caracterizada pelo bombeamento de um solvente líquido pressurizado. A mistura deverá passar por uma coluna preenchida com material solvente.

4. A cromatografia em camada delgada é caracterizada pela adsorção líquido-sólido. Nessa técnica, há a migração sobre uma camada delgada adsorvente fixa em uma superfície plana por meio de uma fase móvel, que pode ser um líquido ou uma

mistura de líquidos. Qual das opções a seguir apresenta uma desvantagem dessa técnica?
a) Dificuldade na determinação exata do fator de retenção.
b) Difícil execução.
c) Processo demorado.
d) Baixa resolução.
e) Custo elevado.

5. Analise as afirmações a seguir e indique **V** para as afirmativas verdadeiras e **F** para as falsas.
( ) A eluição é a fase móvel, em que um tipo de solvente vai interagir com as amostras e promover a separação dos componentes.
( ) A fase móvel é aquela em que os componentes migram por um solvente fluido (líquido ou gasoso).
( ) A eluição se refere à corrida cromatográfica.
( ) A fase estacionária é caracterizada como uma fase fixa na qual o componente a ser identificado fica fixo na superfície de outro material, que pode ser líquido ou sólido.
( ) Eluente é sinônimo de fase estacionária, pois proporciona a fixação da superfície de um material para ser identificado.

Agora, assinale a alternativa que apresenta a sequência correta:
a) V – V – F – F – F.
b) F – F – F – V – V.
c) V – F – V – F – V.
d) F – V – F – V – F.
e) F – V – V – V – F.

Atividades de aprendizagem
Questões para reflexão

1. Embora, na maioria da vezes, seja realizado como um teste de rotina, "o exame de urina também pode ser usado para avaliar sintomas particulares, tais como dores ou febre. Ele auxilia no diagnóstico de condições médicas e permite o monitoramento da progressão da doença e avaliação do tratamento" (Tostes, 2017). Sendo assim, reflita e escreva sobre como a cromatografia consegue verificar a presença de carboidratos na urina e como é realizada tal separação, visto que os componentes são quantificados conforme a afinidade com a fase móvel e com a fase estacionária.

2. Os carotenoides são precursores da vitamina A e podem ser analisados por meio da cromatografia. Na fotossíntese, eles funcionam como pigmento para a absorção de luz e como fotoprotetores contra danos oxidativos (Uenojo; Maróstica Junior; Pastore, 2007). Tendo isso em vista, reflita e escreva sobre qual dentre os métodos cromatográficos seria o mais barato e eficaz para separar as substâncias químicas dissolvidas pelas diferentes taxas de migração em folhas.

Atividade aplicada: prática

1. É comum que empresas e indústrias realizem análises em seus empreendimentos a fim de caracterizar seus materiais e verificar as composições de seus produtos. Imagine que você foi contratado por uma empresa que está iniciando a

estruturação do seu laboratório interno, sendo questionado sobre quais equipamentos seriam interessantes de se obter. A respeito da possibilidade de realizar análises de cromatografia, qual dos tipos você recomendaria? Liste as vantagens e as desvantagens de cada tipo cromatográfico, apontando qual abrangeria mais possibilidades de análise e também a sua relação custo x benefício.

Capítulo 4

Cromatografia gasosa

O objetivo deste capítulo é estudar os conceitos, as definições e os princípios analíticos da técnica da cromatografia gasosa e suas aplicações na análise de compostos orgânicos.

Conheceremos os princípios e os mecanismos dessa técnica, bem como apresentaremos as partes do cromatógrafo.

4.1 Princípios da cromatografia gasosa

Segundo o Portal Laboratórios Virtuais de Processos Químicos (2022), a cromatografia gasosa pode ser definida como "uma técnica que permite a separação de substâncias voláteis arrastadas por um gás por meio de uma fase estacionária", a qual pode ser um sólido ou um líquido, que vai possibilitar que os componentes da mistura sejam distribuídos nas duas fases por meio de processos físicos e químicos, entre os quais estão a adsorção, as diferenças de solubilidades, as volatilidades ou a partilha. Já na fase móvel "é utilizado um gás, denominado **gás de arraste**, que transporta a amostra através da coluna cromatográfica até ao detector em que os componentes separados são detectados" (Portal…, 2022, grifo do original). O hidrogênio, o nitrogênio, o hélio e o argônio são os gases mais utilizados para esse fim. Geralmente, a cromatografia gasosa é utilizada com propósitos analíticos (Portal…, 2022).

Fique atento!

A cromatografia gasosa é uma técnica muito sensível e, por isso, demanda profissionais qualificados para operar o equipamento de maneira adequada. Ela pode ser utilizada para analisar gases inorgânicos (argônio, nitrogênio, hidrogênio, dióxido de carbono etc.) e pequenas moléculas de hidrocarbonetos.

Na cromatografia gasosa, os componentes de uma amostra são divididos entre a fase móvel gasosa e a fase estacionária líquida. Nesse tipo de cromatografia, as colunas utilizadas são mais longas que aquelas usadas na cromatografia a líquido.

O princípio entre esses dois tipos de cromatografia, para Amorim (2019, p. 61), é o mesmo, mas, na cromatografia gasosa, "a força motora é a pressão do gás e não a força da gravidade de modo que as colunas normalmente são dobradas em espiral, a fim de ocupar menos espaço dentro do cromatógrafo".

4.2 Mecanismos e reações

A cromatografia gasosa, conforme explica Amorim (2019, p. 61), "é uma das técnicas analíticas mais utilizadas". Ela possui alto poder de resolução e, por possibilitar a detecção em escala de nano a picogramas (10^{-9} a 10^{-12} g), é muito atrativa (Amorim, 2019).

A limitação dessa técnica, segundo a autora,

> é a necessidade de que a amostra seja volátil ou estável termicamente, embora amostras não voláteis ou instáveis possam ser derivatizadas quimicamente. [...] A amostra é vaporizada e introduzida em um fluxo de um gás adequado denominado de fase móvel (FM) ou gás de arraste. O fluxo de gás com a amostra vaporizada passa por um tubo contendo a fase estacionária FE (coluna cromatográfica), onde ocorre a separação da mistura. A FE pode ser um sólido adsorvente (Cromatografia Gás-Sólido) ou, mais comumente, um filme de um líquido pouco volátil, suportado sobre um sólido inerte (Cromatografia Gás Líquido com Coluna Empacotada ou Recheada) ou sobre a própria parede do tubo (Cromatografia Gasosa de Alta Resolução). (Amorim, 2019, p. 61-62)

Com uma microsseringa, deve-se injetar a amostra no injetor/vaporizador (V), de maneira que os seus vapores sejam arrastados pelo gás de arraste (fase móvel) para o interior da coluna. Posteriormente, na saída da coluna, ele passa pelo detector (D), o qual envia um sinal ao registrador (R). Quanto mais analito houver, maior será o sinal, por ser diretamente proporcional, o que permite realizar a análise quantitativa da amostra. Além disso, a cromatografia a gás é considerada um dos métodos mais precisos para quantificar elementos na amostra.

Na cromatografia gás-líquido (CGL), conforme relata Amorim (2019, p. 62), os dois fatores em que se apoiam a separação dos constituintes de uma amostra são:

- **Solubilidade na FE**: quanto maior a solubilidade de um constituinte na FE, mais lentamente ele caminha pela coluna.
- **Volatilidade:** quanto mais volátil a substância (ou, em outros termos, quanto maior a pressão de vapor), maior a sua tendência de permanecer vaporizada e mais rapidamente caminha pelo sistema.

As substâncias separadas saem da coluna dissolvidas no gás de arraste e passam por um detector, dispositivo que gera um sinal elétrico proporcional à quantidade de material eluido. O registro desse sinal em função do tempo é o cromatograma, sendo que as substâncias aparecem nele como picos com área proporcional à sua massa, o que possibilita a análise (Ceatox, 2022).

Logo, para poder analisar determinando componente, é importante que este apresente afinidade com a fase estacionária, isto é, seja solúvel ou, ainda, apresente elevado grau de volatilidade, facilitando sua inserção na coluna e sua consequente leitura.

4.3 Cromatógrafo

Na sequência, são aplicados os conceitos e as definições para o reconhecimento dos componentes do cromatógrafo, mostrado na Figura 4.1.

Figura 4.1 – Cromatógrafo

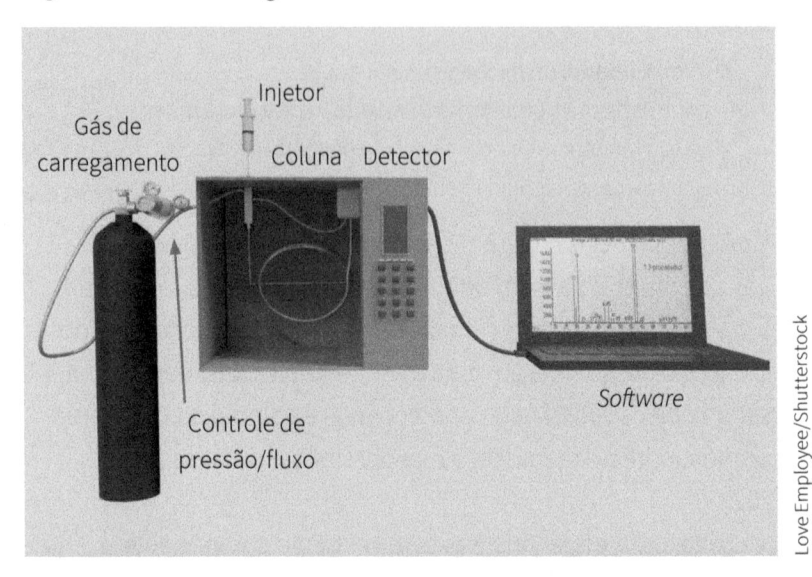

![Cromatógrafo com indicações: Gás de carregamento, Injetor, Coluna, Detector, Controle de pressão/fluxo, Software. Love Employee/Shutterstock]

Fonte: DCTech, 2021.

Reservatório de gás de arraste

O gás de arraste, segundo Amorim (2019, p. 63) "fica contido em cilindros sob pressão. O parâmetro mais importante para escolha do gás é a sua compatibilidade com o detector". A vazão do gás de arraste deve ser controlada e é constante durante a análise. Os gases mais utilizados nesse processo são H_2, o He e o N_2 (Amorim, 2019).

Preste atenção!

É de suma importância que o gás de arraste utilizado seja compatível com o detector a fim de garantir o sucesso no seu processo analítico.

Sistema de injeção de amostra

O sistema de injeção de amostra, de acordo com Amorim (2019), o ponto em que haverá a introdução do analito. Trata-se de um bloco de metal que é ligado tanto à coluna cromatográfica quanto à alimentação do gás de arraste. Amostras em diferentes estados físicos, tanto líquidas quanto gasosas, podem ser inseridas com o auxílio de microsseringas hipodérmicas. Em compensação, se a amostra for sólida, ela precisará passar por uma etapa adicional de dissolução em um solvente (Amorim, 2019).

Cabe destacar que o injetor deve estar em temperatura acima do ponto de ebulição dos componentes da amostra, a fim de que, logo que estes sejam injetados, transfomem-se em gás para iniciar a leitura quantitativa do material. Porém, se a temperatura for muito acima disso, a amostra pode se desintegrar (Amorim, 2019).

A respeito da quantidade de amostra a ser injetada, depende de características da coluna e do detector utilizado na análise. Logo, no caso de "colunas empacotadas, volumes de 0,1 µl a 3,0 µl de amostra líquida são típicos. Volumes altos prejudicam a qualidade de injeção (alargamento dos picos) ou saturam a coluna cromatográfica" (Amorim, 2019, p. 63).

Coluna cromatográfica e controle de temperatura

A fim de se evitar que os picos se alarguem, é necessário que a amostra entre na coluna na forma de um segmento estreito, conforme explica Amorim (2019). Após ser injetada, a amostra será vaporizada e introduzida na coluna cromatográfica, local onde vai se desfragmentar para a leitura quantitativa. Na cromatografia gasosa, a afinidade entre um soluto e a fase móvel depende da volatilidade do soluto e de sua pressão de vapor. Diante disso, é possível afirmar que, ao alterar a temperatura, haverá variação na pressão de vapor e, consequentemente, na afinidade dessa substância com a fase móvel. Por isso, o controle da temperatura deve ser rigoroso.

O cromatógrafo, conforme explica Amorim (2019, p. 65),

> dispõe de termostatos para controle independente do aquecimento dos três principais setores: câmara de vaporização (é o próprio injetor), forno da coluna e bloco do detector. O aquecimento da coluna, promovido por uma resistência elétrica localizada na base do forno, é homogeneizado por um ventilador que pode permanecer ligado após o final do aquecimento, de modo a acelerar o resfriamento.

Com exceção de equipamentos que apresentem dispositivo de resfriamento automático, o compartimento do forno deve ser mantido aberto (Amorim, 2019).

Controles pneumáticos

Os cromatógrafos a gás apresentam controles pneumáticos como forma de controlar a pressão do equipamento, além de outra válvula para auxiliar no ajuste da vazão da fase móvel.

Segundo informa Amorim (2019, p. 65): "A vazão é medida com o auxílio de um fluxímetro de bolha [...], ou bolhômetro. A 'pêra' (parte inferior) contém uma solução de sabão líquido. Comprimindo-se a 'pêra', o nível do líquido sobe e o gás forma uma bolha que ascende pelo tubo".

Para o cálculo da vazão, deve-se cronometrar o tempo gasto para a bolha percorrer os 20 mL do tubo. Cabe destacar que, atualmente, já existem no mercado alguns equipamentos totalmente microprocessados, o que torna arcaicos os acessórios citados anteriormente (Amorim, 2019).

Coletor de frações

Sobre o coletor de frações, Amorim (2019) expõe que trata-se de um acessório da cromatografia preparativa, servindo como divisor de fluxo do material efluente da coluna, permitindo assim que cada componente seja condensado separadamente.

Ressaltamos que colunas com maiores dimensões possibilitam a injeção e a análise de maior quantidade de amostra e, consequentemente, a produção de material mais puro (maior que 99,9999%), o qual poderá ser utilizado como o padrão da amostra (Amorim, 2019).

Detectores

No que se refere aos detectores, Amorim (2019, p. 66) informa:

> Nos primórdios da cromatografia, a visualização dos diversos componentes da amostra era possível porque eles eram coloridos (daí o nome da técnica). Os primeiros pesquisadores que trabalharam com substâncias incolores desenvolveram vários procedimentos para torná-las coloridas.
>
> Surgiram, então, os reveladores. Reagentes, como o iodo, o ácido sulfúrico, a 2,4-dinitrofenil-hidrazina, entre vários outros, que borrifados sobre a placa desenvolvida geram manchas coloridas (*spots*), permitindo assim a visualização do cromatograma. Tanto na placa quanto na coluna, iluminação com luz ultravioleta (UV) também permite a visualização das zonas ocupadas pelos componentes (evidentemente, apenas aqueles que absorvem luz UV).

Conforme Amorim (2019), o botânico russo Mikael S. Tswett e seus pesquisadores empregavam a técnica de degradação do analito, visando transformá-lo em alguma substância conhecida e, assim, conseguir desenhar as reações químicas, o que permitiria chegar à estrutura do elemento desconhecido.

Já o desenvolvimento dos detectores – "dispositivos que em contato com o analito geram um sinal que é registrado e quantificado" (Amorim, 2019, p. 66) – ocorreu ao se utilizar um feixe de luz UV na saída da coluna e, assim, associar a quantidade do elemento com a sua absorção de luz (lei de Beer). Por meio dos detectores, registra-se o momento da detecção (tempo de retenção), além de ocorrerem a identificação e a quantificação (Amorim, 2019).

Existem dois tipos de detectores: o universal e o seletivo. O universal responde a todos os elementos da mistura, enquanto o seletivo responde apenas a alguns componentes. A vantagem do detector seletivo é a geração de um cromatograma mais simplificado e que não sofre interferências de outros elementos (Amorim, 2019).

4.4 Condições para a análise

Nessa seção, vamos analisar as variáveis que determinam as condições para a análise cromatográfica.

Santos (2018, grifo do original) define esse processo da seguinte maneira:

> Cromatografia Gasosa (GC) é uma técnica analítica amplamente utilizada. Usada para determinar a composição de uma mistura de produtos químicos (amostra), a **cromatografia gasosa** utiliza uma variedade de gases para o seu funcionamento, de acordo com o analisador e o tipo de detector específico.

Del Grande (2022, p. 19) aponta que o gás de arraste deve ter as seguintes características: ser inerte, ou seja, "não deve reagir com a amostra, fase estacionária ou superfícies do instrumento"; e ser puro, isto é, "isento de impurezas que possam degradar a fase estacionária".

Para Coutrim (2016), outra condição é que os "dispositivos para injeção (**microsseringa**, **injetores** ou **vaporizadores**) devem prover meios de introdução **instantânea** da amostra na coluna cromatográfica", bem como a "**temperatura do injetor** deve ser suficientemente elevada para que a amostra vaporize-se imediatamente, mas sem decomposição" – como regra geral, deve ser "50 °C acima da temperatura de ebulição do componente menos volátil". Quanto ao volume a ser injetado, este "depende do tipo de coluna e do estado físico da amostra" (Coutrim, 2016).

A seguir, listamos as características desejáveis de um forno da coluna (Cotrim, 2016):

- Intervalo extenso de temperatura de uso, pelo menos da temperatura ambiente até 400 °C. Em casos especiais, pode haver a necessidade de sistemas criogênicos (t < t ambiente).
- A despeito dos demais módulos, a temperatura do injetor e do detector não deve afetar a temperatura do forno.
- Os sistemas de ventilação interna são muito eficientes, o que mantém a temperatura uniforme em todo o interior do forno.
- Pode ser constante a operação de troca de coluna, pelo fácil acesso a esta.
- Rapidez no aquecimento e no esfriamento, fator importante tanto em análises de rotina quanto no desenvolvimento de novas metodologias analíticas.
- Temperatura estável e reprodutível.

4.5 Quantificação e interpretação de resultados

Na análise cromatográfica para a quantificação e a interpretação de resultados, há alguns fatores que afetam a separação:

- estrutura química do composto;
- fase estacionária;
- temperatura da coluna.

Por meio do cromatógrafo,

é possível quantificar a concentração dos seguintes gases: H_2, O_2, N_2, CH_4, CO, CO_2, C_2H_4, C_2H_6, C_2H_2. [...]

Após o preparo das amostras no laboratório e com a utilização do equipamento cromatógrafo, juntamente a Head Space, o processo de extração dos gases é automático e sem contato com qualquer operador, eliminando assim ajuste involuntário do químico analista.

O levantamento e diagnósticos destes gases, a partir de uma amostra [...], podem determinar causas e medidas a serem adotadas e com isto remediar possíveis transtornos de paradas indesejáveis do equipamento, diminuição de custos de manutenção ou então perda de produção.

Alguns dos gases encontrados nos interiores dos equipamentos devem ser eliminados caso o seu volume esteja elevado; é o caso do oxigênio. [...] Em outros casos, como do acetileno, devemos analisar em sua origem onde está ocorrendo a formação e sua taxa de crescimento. Pois é severamente perigosa a sua formação, podendo levar à queima e colapso do equipamento. (Datalink, 2021)

Logo, a cromatografia gasosa é feita em três etapas: (i) amostragem, (ii) extração dos gases de cada amostra e (iii) análise dos gases-chave e dos gases extraídos da amostra por meio do cromatográfico de gases, "que consiste na separação dos diferentes gases da mistura [Figura 4.2], identificando-os e quantificando-os através dos gases-chave" (Datalink, 2022).

Figura 4.2 – Exemplo de cromatograma

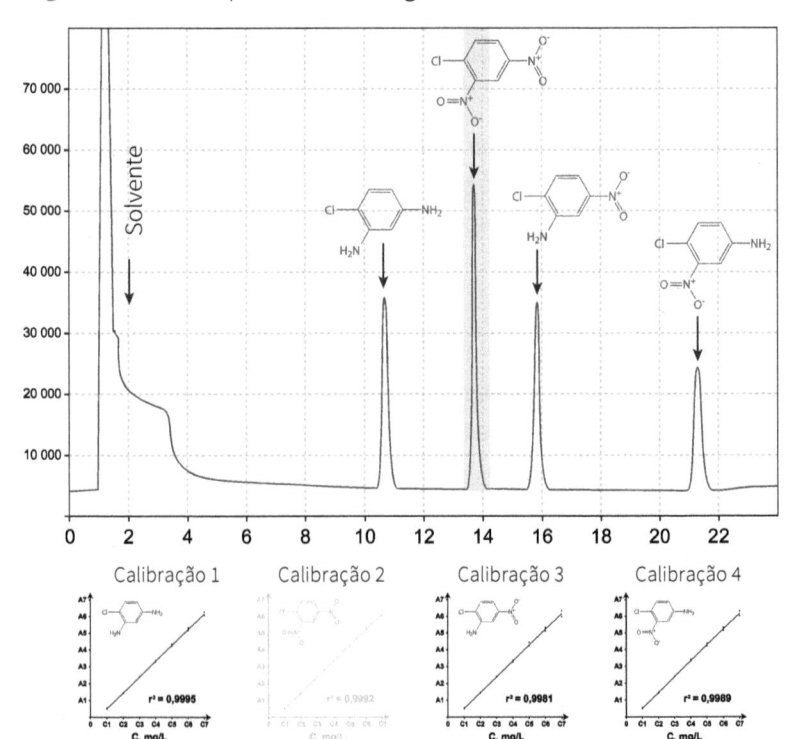

chromatos/Shutterstock

Curiosidade

A cromatografia gasosa é muito sensível e, por isso, é utilizada para determinar os componentes existentes em compostos voláteis e semivoláteis.

Exemplo prático

A cromatografia gasosa serve para analisar compostos voláteis e semivoláteis. Além disso, existem pesquisas que utilizam a cromatografia gasosa para detecção de resíduos de pesticidas, em ciências forenses, na indústria farmacêutica e, até mesmo, para verificar os voláteis de café.

Luz, câmera, reflexão!

Recomendamos o filme *O veneno está na mesa* (2011). Nele, aborda-se o modelo agrícola do Brasil atual e suas consequências para a saúde pública. Sabemos que elementos voláteis de pesticidas podem ser avaliados por meio da técnica de cromatografia gasosa.

Importante!

A cromatografia pode utilizar uma variedade de gases conforme o analisador e o tipo de detector utilizados. Ela é uma técnica utilizada para identificar a composição de uma mistura de produtos químicos.

Síntese

Neste capítulo, tratamos sobre a cromatografia gasosa e suas mais diversas aplicações pela separação e pela identificação de compostos químicos. Porém, para que a técnica seja utilizada, é necessário que a amostra seja volátil ou termicamente estável, possibilitando sua quantificação por meio de sua conversão em formas gasosas menores.

A técnica de cromatografia gasosa permite inúmeras análises com alto poder de resolução. Para tal, deve haver a partição dos componentes de uma amostra entre a fase móvel gasosa e a fase estacionária (líquida ou sólida).

Por fim, vimos que a amostra é inserida no injetor e transportada pelo gás de arraste, que é separado pela coluna do equipamento e, assim, permite identificar e quantificar os elementos do analito.

Indicações culturais

COLLINS, C. H.; BRAGA, G. L.; BONATO, P. S. (Org.). **Fundamentos de cromatografia**. Campinas: Ed. da Unicamp, 2006.

Os autores apresentam, nesse livro, diferentes técnicas cromatográficas, além de indicar possíveis experimentos.

CRISTIANE, K.; ROMÃO, V. **Cromatografia gasosa e líquida**. São Paulo: Senai-SP, 2016.

Nessa obra, os autores informam sobre a técnica de cromatografia gasosa, dando enfoque aos procedimentos laborais necessários para a identificação de componentes químicos.

Para refletir

A quantificação de agrotóxicos pode ser analisada pela técnica de cromatografia gasosa, conforme apresentado por Pinho et al. (2009). Ela é utilizada na agricultura para o controle de pragas e o aumento da produtividade, porém, parte residual pode permanecer nos alimentos, no solo e na água.

Desse modo, reflita sobre a importância de se obter equipamentos e pessoal treinado na indústria alimentícia para verificação da concentração de agrotóxicos em seus produtos.

Mãos à obra!

Sabendo que a cromatografia gasosa é uma técnica analítica muito utilizada na caracterização de amostras orgânicas, desenhe e aponte as partes de um cromatógrafo, visando entender o fluxo do processo analítico.

Atividades de autoavaliação

1. Assinale a alternativa que define corretamente a cromatografia gasosa:
   a) Tipo de cromatografia usada em química orgânica para separação de compostos que podem ser vaporizados sem decomposição.
   b) É o método de análise usado para determinar qualitativa e quantitativamente a presença de metais.

c) É uma técnica analítica física que serve para detectar e identificar moléculas de interesse por meio da medição da sua massa e da caracterização de sua estrutura química.
d) Trata-se de um método que se baseia na medida quantitativa da absorção da luz pelas soluções, cuja concentração na solução da substância absorvente é proporcional à quantidade de luz absorvida.
e) Refere-se ao método em que a energia absorvida está localizada na região do infravermelho.

2. A respeito dos injetores ou vaporizadores de um cromatógrafo, indique a alternativa que apresenta as condições adequadas para análise:
   a) A temperatura do injetor deve ser menor que a temperatura ambiente.
   b) A introdução da amostra deve ser instantânea na coluna cromatográfica.
   c) A temperatura do injetor não interfere na amostragem.
   d) Os injetores devem inserir a amostra lentamente na coluna cromatográfica.
   e) O volume a ser injetado é fixo, logo, independe do tipo de coluna e do estado físico da amostra.

3. Fatores como solubilidade e volatilidade interferem na separação dos constituintes. Sobre isso, assinale a alternativa que apresenta informações corretas sobre essas propriedades importantes na metodologia da cromatografia:
   a) Se o composto tiver baixa volatilidade, terá tendência a ser encontrado na forma de vapor e, consequentemente, vai se deslocar de maneira mais veloz pelo sistema.

b) Esses fatores não interferem na eficiência analítica da cromatografia gasosa.
c) A velocidade de escoamento na coluna está diretamente relacionada à sua solubilidade. Assim, mais veloz será a separação quanto maior for a sua solubilidade.
d) Quanto maior a solubilidade de um constituinte na fase estacionária, mais lentamente ele caminhará pela coluna.
e) Quanto maior a pressão do vapor de uma substância, menor sua tendência de permanecer vaporizada, consequentemente, mais lentamente ela caminhará pelo sistema.

4. No cromatógrafo, qual dos componentes a seguir é responsável pelo controle de pressão e pelo ajuste da vazão da fase móvel?
   a) Coluna cromatográfica.
   b) Coletor de frações.
   c) Controle pneumático.
   d) Reservatório de gás de arraste.
   e) Sistema de injeção da amostra.

5. Analise as afirmações a seguir e indique **V** para as afirmativas verdadeiras e **F** para as afirmativas falsas.
   ( ) Na cromatografia a gás, empregam-se colunas bem mais curtas que aquelas usadas em cromatografia a líquido.
   ( ) Na cromatografia gasosa, verifica-se o arraste de substâncias voláteis através de um gás de uma fase estacionária.
   ( ) Na cromatografia gás-líquido, fatores como solubilidade e volatilidade não interferem na separação dos constituintes.

( ) A cromatografia tem como limitação o fato de necessitar que a amostra seja volátil e estável com relação à temperatura, apesar de que amostras não voláteis e instáveis podem quimicamente ser derivatizadas.
( ) Uma limitação da cromatografia gasosa é que ela não consegue detectar nas escalas de nano a pictogramas.

Agora, assinale a opção que corresponde à sequência correta:
a) V – V – F – F – F.
b) F – F – F – V – V.
c) V – F – V – F – V.
d) F – V – F – V – F.
e) F – V – V – V – F.

Atividades de aprendizagem

Questões para reflexão

1. "O petróleo é um líquido viscoso, menos denso que a água e formado por uma mistura complexa de compostos orgânicos, principalmente hidrocarbonetos" (Fogaça, 2020). Na indústria de petróleo, a técnica de cromatografia gasosa é empregada para analisar misturas complexas de hidrocarbonetos. Sabendo que os gases mais comumente utilizados nessa técnica são o hidrogênio, o nitrogênio, o hélio e o argônio, reflita e escreva sobre qual fator deve ser determinante na compra do gás de arraste: as características do gás ou o seu preço no mercado.

2. "O exame toxicológico é formado por um conjunto de processos físico-químicos padronizados e, de acordo com as normas internacionais, utilizados para identificar a presença de substâncias químicas e/ou seus metabólitos em amostras biológicas" (Maxilabor, 2021). Algumas aplicações das técnicas de cromatografia são evidenciadas no diagnóstico toxicológico. Tendo isso em vista, reflita e registre por escrito por que o gás de arraste a ser utilizado no equipamento deve ser inerte e puro. Informe também como esses fatores interferem na confiabilidade dos resultados amostrais.

Atividade aplicada: prática

1. A cromatografia gasosa é, hoje, "uma das técnicas mais empregadas para separar e quantificar diversos produtos, além de poder ser utilizada para identificação de compostos quando o equipamento está acoplado a um espectrômetro de massas ou outro detector qualitativo" (Costa, 2019). Sendo assim, elabore um passo a passo do processo cromatográfico gasoso e indique suas principais aplicações na atualidade.

Capítulo 5

Espectrometria de massa

O objetivo deste capítulo é aplicar os conceitos e as definições da espectrometria de massa. Além disso, apresentaremos os componentes do espectrômetro de massa, suas funções e aplicações. Por fim, mostraremos como é feita a detecção e a quantificação dos resultados da análise de espectrometria de massa.

5.1 Princípios da espectrometria de massa

A espectrometria de massa é definida por Bustillos (2020a) como uma técnica analítica física para detectar e identificar moléculas de interesse por meio da medição da sua massa e da caracterização de sua estrutura química. Essa técnica analisa os átomos e as moléculas por meio da relação massa/carga (m/z) dos íons de analitos no estado gasoso.

O princípio físico básico de um espectrômetro de massa, para Augusti (2017), é "criar íons de compostos orgânicos ou inorgânicos por um método adequado, separá-los de acordo com a sua taxa de massa/carga (m/z) e, por conseguinte, detectá-los qualitativa e quantitativamente" por sua respectiva taxa m/z e abundância. A espectrometria de massas é frequentemente aplicada no controle de poluição, no controle de comida, na física atômica, na determinação de parâmetros termodinâmicos e em muitos outros ramos científicos.

5.2 Espectrômetro de massa

O instrumento conhecido como *espectrômetros de massa* é utilizado para qualificar e quantificar um analito por meio da relação massa sobre carga eletrônica (m/e), aliando os campos elétrico e magnético. Nessa análise, as substância e os elementos são avaliadas no vácuo (Multilab, 2022).

Essa técnica foi desenvolvida no final do século XIX, a partir da descoberta da radioatividade. Posteriormente, Arthur Dempster e Francis Aston), em pesquisas desenvolvidas para medição das massas dos elementos da tabela periódica, denominaram o instrumento de *espectrógrafo de massa*. Ao longo do tempo, a técnica vem sido desenvolvida em pesquisas nas áreas de física, química, biologia e geologia (Multilab, 2022).

De acordo com Multilab (2022), os espectrômetros de massa modernos apresentam três partes essenciais: (i) fonte de feixe de íons positivos; (ii) analisador magnético; e (iii) coletor de íons. Todas as partes do equipamento operam em pressões da ordem de 10^{-6} a 10^{-9} mm Hg. No começo, os detectores eram somente chapas fotográficas, e os instrumentos eram chamados *espectrógrafos*. Nos últimos 30 anos, com a evolução tecnológica dos eletrômetros, os aparelhos evoluíram e apresentam hoje em sua maioria espectrômetros de massa, como mostra a Figura 5.1 (Multilab, 2022).

Figura 5.1 – Espectrômetro de massa: estrutura básica

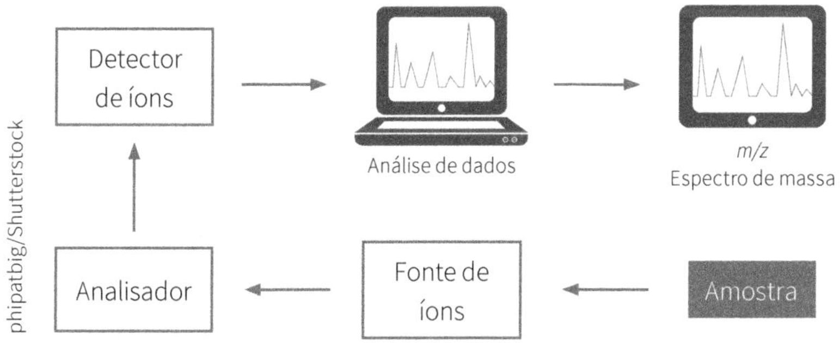

[Diagrama: Amostra → Fonte de íons → Analisador → Detector de íons → Análise de dados → Espectro de massa (m/z)]

Fonte: Martins, 2013, p. 31.

A espectrometria de massa separa as partículas de acordo com suas massas e cargas, sendo mais fácil determinar a separação de íons do que de átomos ou moléculas neutras (Multilab, 2022).

As partes principais do espectrômetro são: fonte, separador, detector e registrador. No Quadro 5.1, a seguir, temos um resumo das partes de um espectrômetro de massa e suas respectivas funções.

Quadro 5.1 – Estrutura de um espectrômetro de massa

Parte	Função
Fonte de íons	Produção dos íons em fase gasosa.
Analisador em massa/carga (m/z)	Separação dos íons produzidos em função da taxa m/z.
Detector	Conversão de uma corrente iônica em corrente elétrica.
Tratamento de sinal	Representação dos dados por meio de um espectro de massa.

Fonte: Elaborado com base em Martins, 2013.

5.3 Métodos de ionização

Analisaremos, neste tópico, os fundamentos de ionização da amostra.

O método de ionização mais usado é o de impacto eletrônico. Nele, é gerado um feixe pela lâmpada de tungstênio, por exemplo, que ioniza os átomos de fase de gás ou moléculas. Durante a colisão do feixe com as moléculas da amostra são formados os íons (Veludo, 2016).

Os tipos de ionização são: ionização por impacto de elétrons, ionização química, ionização por dessorção e ionização por *electrospray*, como mostra a Figura 5.2.

Figura 5.2 – Tipos de ionização

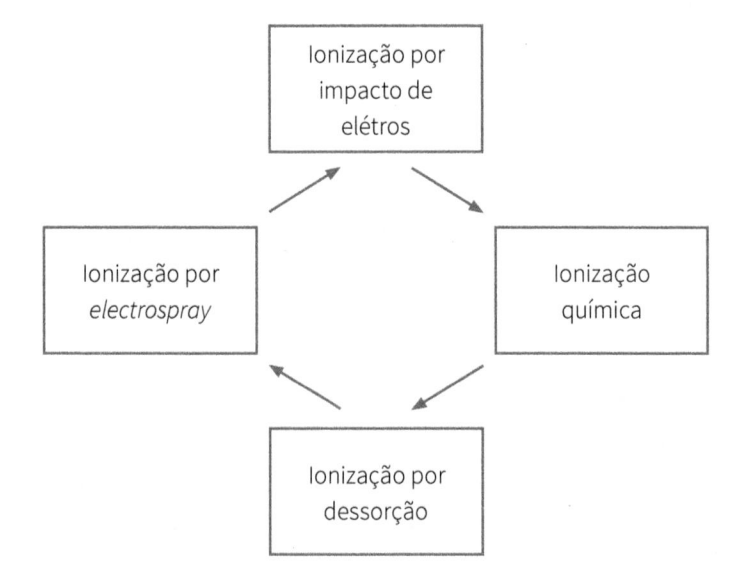

```
              ┌─────────────────┐
              │  Ionização por  │
              │   impacto de    │
              │     elétros     │
              └─────────────────┘
              ↗                 ↘
┌─────────────────┐         ┌─────────────────┐
│  Ionização por  │         │    Ionização    │
│   electrospray  │         │     química     │
└─────────────────┘         └─────────────────┘
              ↖                 ↙
              ┌─────────────────┐
              │  Ionização por  │
              │    dessorção    │
              └─────────────────┘
```

Método de ionização por impacto de elétrons

No método de ionização por impacto, a molécula deve ser bombardeada por um feixe de elétrons, de modo a arrancar um elétron da molécula, formando assim um cátion de carga positiva. Podemos chamar esse cátion de *íon molecular* (M^+), o qual segue com o mesmo valor de massa da molécula original, uma vez que elétrons têm peso muito pequeno (Brondani, 2019).

Nesse sentido, Brondani (2019, p. 2) afirma:

> A energia necessária para remover um elétron de um átomo ou molécula é chamada de Potencial de Ionização ou Energia de Ionização. Para a maioria das moléculas orgânicas essa energia necessária é de 8 a 15 eV. No entanto, para que a ionização seja efetiva, o feixe deve deixar o filamento com de 50 a 75 eV, pois até chegar em contato com a amostra, um percurso é necessário e fragmentações devem ser geradas.

Há algumas desvantagens nessa técnica, entre as quais está o excesso de fragmentação e o fato de que a amostra deve estar gasosa (volátil) para entrar em contato com o feixe de elétrons, razão por que há uma dificuldade maior em analisar moléculas de alto peso molecular, como as biomoléculas (Brondani, 2019).

Sendo assim, moléculas gasosas e de baixo peso molecular são mais bem analisadas por essa técnica, que também é classificada como um método forte e de baixo custo (Brondani, 2019).

Método de ionização química

Nessa técnica, segundo Brondani (2019), ioniza-se uma molécula simples, como um gás, por meio de um feixe de elétrons. Apesar de o gás metano ser o mais utilizado, outros gases podem ser utilizados, os quais poderão, inclusive, alterar as fragmentações geradas.

Quando o metano é utilizado, o evento ionizante predominante é a transferência de próton entre o íon CH_5^+ e a amostra, mas outros íons podem ser formados em menor proporção (Brondani, 2019).

Para Brondani (2019, p. 3), "a presença de vários grupos funcionais faz com que o íon molecular possa se decompor em outras espécies. A fragmentação, às vezes, leva a um cátion e a um radical, mas somente o cátion é detectado. Mesmo com fragmentações possíveis, essa metodologia gera menos sinais (fragmentações) no espectro de massas".

Sendo assim, a vantagem desse método é a produção de íons moleculares, os quais são acelerados para o campo magnético por meio de pratos repulsores e aceleradores.

Método de ionização por dessorção

Brondani (2019, p. 4) aponta que, nesse método,

> a amostra a ser analisada é dissolvida ou dispersa em uma matriz e colocada no caminho de um feixe de íons de alta energia (1 a 10 KeV) (SIMS), átomos neutros (FAB) ou fótons de alta intensidade (MALDI). Feixe de íons Ar^+ e Cs^+ são os mais utilizados no caso de SIMS e feixes de Ar ou Xe são os mais utilizados em FAB. Para espectrômetros de MALDI, um laser de nitrogênio (emissão em 337 nm) é muito utilizado.

O *laser* emite a radiação que será absorvida pela matriz onde está a amostra. Posteriormente, a colisão vai ionizar algumas moléculas e ejetá-las da superfície. Os íons ejetados, então, serão acelerados pelo analisador do espectrômetro, como já ocorre em outros métodos de ionização.

Método de ionização por *electrospray*

A ionização por *electrospray* é uma das técnicas usadas para produzir íons em fase gasosa, para a análise por espectrometria de massas. Essa ionização, para Brondani (2019, p. 4), "envolve a produção de íons através da formação de um spray da solução contendo o analito em um campo elétrico. É uma técnica de ionização considerada branda que possibilita a análise de biomoléculas grandes, na sua forma intacta, como proteínas e DNA".

Nessa técnica, a amostra será borrifada para dentro da câmera aquecida, de maneira que o tubo com potencial de alta voltagem em sua superfície expulsará as gotículas para a câmera de ionização. A ionização por *electrospray* consiste em uma técnica de espectroscopia de massa, na qual a amostra é nebulizada dando origem às gotículas. Brondani (2019) afirma que o solvente (mistura de água e solvente orgânico 50:50) será removido conforme a entrada das gotículas no espectrômetro de massas. Sendo assim, conforme o solvente evapora na região de alto vácuo, a gotícula diminui gradativamente de tamanho até sobrar apenas os íons livres.

> **Fique atento!**
>
> Os métodos de ionização têm como objetivo facilitar a análise por meio da criação de íons, visando identificar e quantificar as moléculas orgânicas que passam pelo analisador.

5.4 Análise de massa

Até agora, os conceitos de massa exata, precisão e resolução de massa foram introduzidos sem considerar os meios pelos quais as medições de massa precisas podem ser realizadas. A chave para esse problema é a calibração de massa. Resolução sozinha pode separar íons de diferentes valores de taxa m/z, mas não inclui automaticamente a informação da precisa localização no eixo m/z dos respectivos sinais (Brondani, 2019).

A calibração de massa pode ser dividida em externa ou interna, como veremos a seguir.

Calibração de massa externa

Todo espectrômetro de massa requer a calibração de massa antes de ser utilizado. Contudo, o número de pontos de calibração necessários pode variar largamente entre os diferentes tipos de analisadores de massas. Esses pontos são fornecidos por um composto de calibração de massa conhecido, ou *composto de referência em massa* (Makarov, 2006).

A calibração é, então, realizada pela gravação do espectro de massas do composto de referência e, posteriormente, pela correlação com os valores experimentais das taxas m/z de uma lista de referência de massa. Normalmente, essa conversão é acompanhada pelo sistema de arquivos do espectrômetro de massas (Makarov, 2006).

Desse modo, o espectro de massas é recalibrado por interpolação da escala m/z entre a calibragem atribuída aos picos para obter a melhor correspondência. A calibração de massa obtida pode, então, ser armazenada em um arquivo de calibração e usada para medições futuras, sem a presença de um composto de calibração (Makarov, 2006).

Calibração de massa interna

Makarov (2006, p. 2116, tradução nossa) afirma:

> Se as medições de alta resolução são realizadas a fim de atribuir composições elementares, a calibração de massa interna é quase sempre necessária. O composto de calibração pode ser introduzido a partir de um segundo sistema de admissão ou ser misturado com o analito antes da análise.

> Misturar os compostos de calibração com a substância a analisar exige algumas habilidades operacionais a fim de não suprimir o que se quer analisar pela referência ou vice-versa. Portanto, uma entrada separada para introduzir o composto de calibração é vantajosa. Isso pode ser conseguido mediante a introdução de padrões voláteis, tais como a enzima Fosfofrutoquinase (PFK, do inglês *phosphofructokinase*), a partir

de um sistema de entrada de referência na ionização de elétrons através da utilização de uma sonda de duplo alvo no bombardeamento atômico rápido, ou pela utilização de um segundo pulverizador na ionização por *electrospray*.

A calibração do equipamento, portanto, permite resultados mais confiáveis e evita o acúmulo de erros ao longo da análise.

5.5 Detecção e quantificação

Na sequência, vamos analisar os sistemas de detecção e de quantificação da espectrometria de massa.

Detecção

Iglesias (2012, p. 94) informa que "o detector tem a função de detectar e amplificar o sinal da corrente de íons que vem do analisador e transferir o sinal para o sistema de processamento de dados".

Os principais detectores, de acordo com Iglesias (2012), são o fotomultiplicador, o multiplicador de elétrons e o *microchannel plate* (MCP), e o tipo de analisador é que vai definir o detector. Os fotomultiplicadores e os multiplicadores de elétrons apresentam faixa dinâmica extensa ($10^5 - 10^8$) e "são utilizados com analisadores quadrupolo, setor magnético e ion trap", enquanto o MCP "é utilizado com analisadores TOF que apresentam resposta extremamente rápida, com alta sensibilidade" (Iglesias, 2012, p. 94)

Para Guimarães (2013), a formação e a manipulação dos íons devem ser realizadas no vácuo, uma vez que os íons são extremamente reativos e têm vida curta.

> A pressão atmosférica é de cerca de 760 Torr (mm de mercúrio). A pressão sob a qual os íons podem ser tratados é de aproximadamente 10^{-5} a 10^{-8} Torr (menos do que uma milionésima parte de uma atmosfera). [...] Em um procedimento comum, a ionização é efetuada por um feixe de elétrons de alta energia e a separação de íons é obtida através da aceleração e focando os íons em um feixe, o qual é então dobrado por um campo magnético externo. Os íons são, então, detectados eletronicamente e as informações resultantes são armazenadas e analisadas em um computador.

A fonte de íons representa o coração do espectrômetro. Nessa parte, as moléculas da amostra são bombardeadas por elétrons emitidos por um filamento aquecido, chamado de *impacto de elétrons* (EI, de *eletron-impact*). Gases e amostras de líquidos voláteis podem vazar de um reservatório para a fonte de íons, enquanto sólidos e líquidos não voláteis podem ser inseridos de forma direta. Os cátions formados pelo bombardeio de elétrons são empurrados para longe por uma placa repelente carregada (ânions são atraídos por ela) e acelerados em direção a outros eletrodos, tendo fendas pelas quais os íons passam como um feixe (Guimarães, 2013).

Guimarães (2013) complementa indicando que alguns desses íons fragmentam-se em cátions menores e fragmentos neutros. O feixe de íons é desviado por um campo magnético perpendicular, formando um arco "cujo raio é inversamente proporcional à massa de cada íon. Os íons mais leves são desviados mais do que os íons mais pesados" (Guimarães, 2013). Íons de diferentes massas podem ser progressivamente concentrados em um detector fixado na extremidade de um tubo curvo (também sob alto vácuo), ao se variar a força do campo magnético (Guimarães, 2013), conforme mostra a Figura 5.3.

Figura 5.3 – Espectrômetro de massa

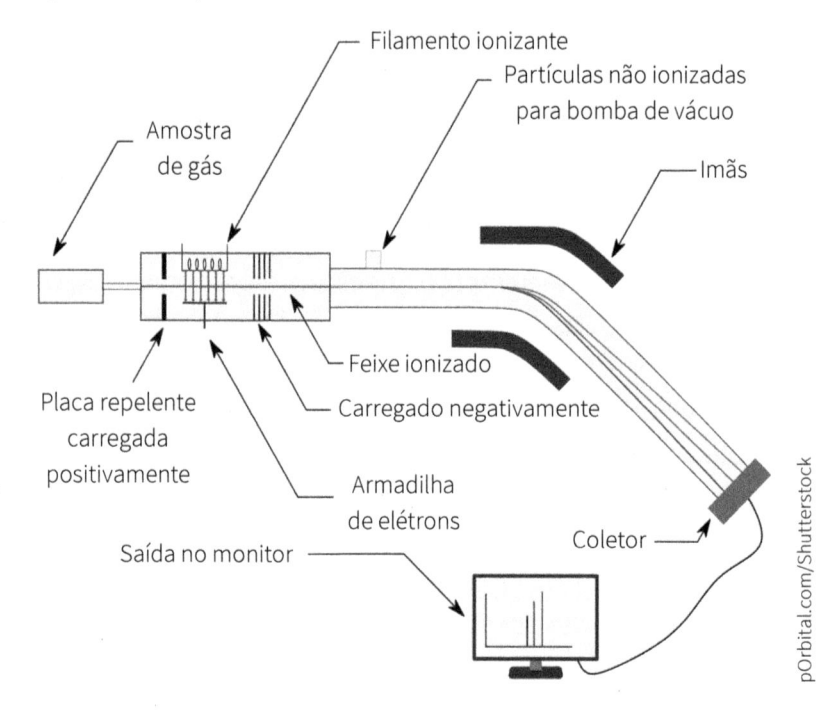

Quantificação

A quantificação de uma amostra pode ser analisada por meio do espectro de massa, que é um gráfico em que cada barra representa um íon com uma relação massa-carga específica (m/z) e o comprimento da barra indica a relação abundância do íon (Iglesias, 2012). O íon que tiver maior concentração é considerado como pico-base e é atribuído a ele uma abundância de 100. Os demais elementos terão picos menores, com valores abaixo de 100. O valor m/z é equivalente a própria massa, uma vez que a maioria dos íons tem uma única carga (Iglesias, 2012).

Os espectrômetros de massa modernos distinguem (resolvem) facilmente íons que diferem por apenas uma unidade de massa atômica, razão por que fornecem valores precisos para a massa molecular de determinado composto. Comumente, o íon de massa mais alta em um espectro é considerado o íon molecular, enquanto os íons de massa mais baixa são fragmentos do íon molecular, assumindo que a amostra é um composto puro (Iglesias, 2012).

A maior parte dos compostos orgânicos estáveis apresenta um número par de elétrons totais, refletindo o fato de que "os elétrons ocupam orbitais atômicos e moleculares em pares" (Interpretação..., 2022). No entanto, no caso de apenas um elétron ser removido de uma molécula, a contagem total de elétrons é um número ímpar, e nos referimos a esses íons como *cátions radicais* (Interpretação..., 2022).

> O íon molecular em um espectro de massa é sempre um cátion radical [...], mas os íons do fragmento podem ser cátions de elétrons pares ou cátions de radicais de elétrons ímpares, dependendo do fragmento neutro perdido. As fragmentações mais simples e comuns são clivagens de ligação que produzem um radical neutro (número ímpar de elétrons) e um cátion com número par de elétrons. (Interpretação..., 2022)

Um íon de fragmento catiônico radical de elétron ímpar é produzido em uma fragmentação não muito usual, na qual se perde um fragmento neutro de elétron par. De acordo com a regra, "os íons de elétrons ímpares podem se fragmentar em íons de elétrons pares ou ímpares, enquanto que os íons de elétrons pares se fragmentam apenas em íons de elétrons pares" (Interpretação..., 2022). A contagem de elétrons também é refletida pelas massas de íons moleculares e de fragmento, conforme o número de átomos de nitrogênio na espécie (Interpretação..., 2022).

Interpretação de espectrometria de massa

A espectrometria de massa indica o peso molecular e a fórmula molecular (Lordello, 2017a).

Lordello (2017a, p. 8) informa que "a amostra é bombardeada por um feixe de elétrons com elevada energia que causam a fragmentação das moléculas. As massas dos fragmentos são medidas e depois faz-se a reconstrução da molécula".

O espectro de massas, conforme Bustillos (2020b), é representado em um gráfico cartesiano bidimensional, no qual a razão m/z do íon fica localizada na abcissa (eixo-x) e a ordenada (eixo x) denota a intensidade do sinal iônico.

Sendo assim, a intensidade de cada pico permite avaliar a quantidade de um íon, facilitando a descoberta do elemento a que ele pertencia.

Preste atenção!

Ao interpretar um espectro de massa, podemos verificar um pico de sinal mais intenso denominado *pico base*, o qual corresponde ao fragmento positivo mais estável de todas as partes do composto que está sendo analisado.

Figura 5.4 – Exemplo de espectro de massa do oxigênio

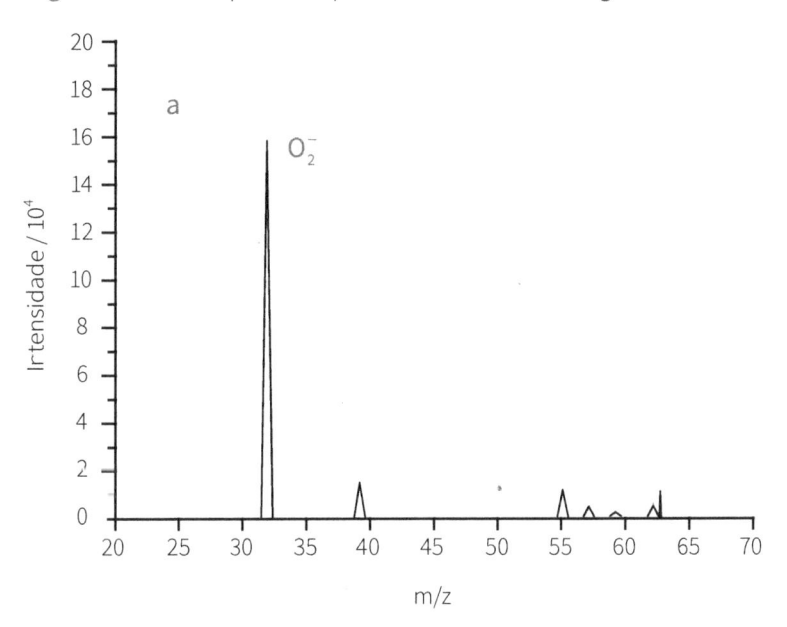

Fonte: Moraes; Lago, 2003, p. 560.

Curiosidade

Em 1918, foi criado o espectrômetro nos moldes dos dias atuais. Ele foi construído por A. J. Dempster.

Exemplo prático

A espectrometria de massa é utilizada em várias áreas, tais como toxicologia forense, para a detecção de elementos traços, verificação geológica de elementos de terras raras e, até mesmo, para avaliar as características de materiais termoplásticos.

Luz, câmera, reflexão!

O documentário *Paraíso sujo* fala sobre a poluição de rios com mercúrio por conta da atividade de garimpo de ouro. Sua importância está relacionada à possibilidade de se usar técnicas analíticas para determinar concentrações baixas como traços, que mesmo assim podem ser prejudiciais à saúde.

Importante!

A espectrometria de massa permite tanto qualificar quanto quantificar os componentes presentes em uma mistura. Para tal, relaciona-se a massa à carga dos íons dos analitos em estudo.

Síntese

A espectrometria de massa permite quantificar uma amostra por meio da relação massa-carga (m/z) de uma ou mais moléculas presentes nela. Para isso, converte-se as moléculas em partes menores, que são os íons, os quais se movem por campos elétricos e por campos magnéticos.

Logo, podemos afirmar que o espectrômetro de massa tem como funções: ser fonte de íons, por ionizar a amostra em cátions; possibilitar a análise de massa pela relação carga-massa, e atuar como detector, uma vez que os íons são mostrados separadamente em picos no gráfico.

Cabe, porém, lembrar que as amostras devem ser realizadas no vácuo, uma vez que os íons são extremamente reativos e de vida curta. Além disso, destacamos a técnica de ionização denominada *electrospray*, que, por sua versatilidade, pode ser utilizados nos mais diversos estudos.

Indicações culturais

SILVERSTEIN, R. M.; WEBSTER, F. X.; KIEMLE, D. J. **Identificação espectrométrica de compostos orgânicos**. 7. ed. Rio de Janeiro: LTC, 2007.

Os autores, nessa obra, indicam formas de como identificar compostos orgânicos por meio da análise dos picos na espectrometria de massas.

MEURER, E. C. **Espectrometria de massas para iniciantes**. Curitiba: Appris, 2020.

Nesse livro, o autor faz o estudo das propriedades das espécies químicas nos mais diversos ambientes ou matrizes.

Para refletir

O artigo de Reis, Sarkis e Rodrigues (2004) aponta a identificação de resíduos de disparo de armas de fogo utilizando a espectrometria de massas. Essa análise permitiu averiguar a presença de traços e ultratraços dos elementos chumbo, bário e antimônio. Reflita sobre a importância da técnica de espectrometria de massas na investigação forense e na área criminalística e sobre como o conhecimento de tal técnica permitiria avaliar casos de violência em que se utilizou armas de fogo.

Mãos à obra!

Visando consolidar os conhecimentos adquiridos, faça um fluxograma apontando as etapas de uma análise por espectrometria de massas, desde o preparo da amostra até a leitura dos espectros gerados.

Atividades de autoavaliação

1. A espectrometria de massas pode ser usada para medir a estrutura molecular, a massa do molar ou a pureza da amostra. Qual das opções a seguir apresenta a correta definição desse método de análise?
    a) Consiste no fato de que os núcleos podem absorver radiação eletromagnética na região de radiofrequência (RF) em frequência determinada por suas características estruturais.

b) Analisa os átomos e as moléculas por meio da relação massa/carga (m/z) dos íons de analitos no estado gasoso.
c) Trata-se da passagem da fase móvel para a fase estacionária dentro de uma coluna ou sobre uma placa.
d) Consiste na partição dos componentes de uma amostra entre a fase móvel gasosa e a fase estacionária líquida.
e) É aplicação de uma camada fina do adsorvente, como sílica ou óxido de alumínio, finamente pulverizado sobre uma placa de vidro ou alumínio.

2. Qual das alternativas a seguir apresenta corretamente a função de um detector, que é parte estrutural de um espectrômetro de massa?
    a) Representar os dados por meio de um espectro de massa.
    b) Separar os íons produzidos em função da taxa m/z.
    c) Realizar a conversão de uma corrente iônica em corrente elétrica.
    d) Interpretar os dados apresentados no espectro de massa.
    e) Produzir íons em fase gasosa.

3. Qual dos métodos de ionização apresentados a seguir é o melhor para a análise de rotina de moléculas orgânicas pequenas, além de ser um método mais barato e bastante robusto?
    a) Ionização química.
    b) Ionização por *electrospray*.
    c) Ionização por dessorção.
    d) Ionização por impacto de elétrons.
    e) Ionização magnética.

4. Na espectrometria de massa, verificam-se diferentes tipos de ionização. Qual das alternativas a seguir apresenta todos os tipos existentes e comumente utilizados?
   a) Ionização por impacto de elétrons, ionização química, ionização por dessorção e ionização por *electrospray*.
   b) Ionização por impacto de elétrons, ionização por ressonância magnética e ionização química.
   c) Ionização por impacto de elétrons e ionização por *electrospray*.
   d) Ionização química e ionização por dessorção.
   e) Ionização por impacto de elétrons, ionização química e ionização magnética.

5. Analise as afirmações a seguir e indique **V** para as afirmativas verdadeiras e **F** para as falsas.
   ( ) A fonte de íons de um espectrômetro de massa é a responsável pela produção dos íons em fase gasosa.
   ( ) O método de ionização por *electrospray* é o mais simples e mais comum.
   ( ) A espectrometria de massas é uma técnica analítica física para detectar e identificar moléculas de interesse por meio da medição da sua massa e da caracterização de sua estrutura química.
   ( ) No detector de um espectrômetro de massa ocorre a representação dos dados por meio de um espectro de massa.
   ( ) Uma das vantagens do método de ionização por impacto de elétrons é que a amostra tem de ser relativamente volátil para entrar em contato com o feixe de elétrons na câmara de ionização.

Agora, assinale a opção que corresponde à sequência correta:
a) V – V – F – F – F.
b) F – F – F – V – V.
c) F – V – V – V – F.
d) F – V – F – V – F.
e) V – F – V – F – V.

Atividades de aprendizagem
Questões para reflexão

1. É comum, em eventos comemorativos, fazermos brindes com taças de vinhos. Essa bebida apresenta as mais diversas características e pode ter a avaliação de sua composição química feita através da espectrometria de massas. Visando estudar o perfil fenólico dos vinhos, emprega-se a técnica de ionização por *electrospray*. Sendo assim, reflita sobre essa técnica, em que a produção de íons ocorre por meio de um *spray* da solução com o analito em um campo elétrico, e explique como se dá o processo nela. Além disso, analise se, por conter componentes fenólicos, haverá maior facilidade para análise e quantificação por meio dela.

2. A espectrometria de massas é frequentemente aplicada no controle de poluição. O uso de equipamentos como o espectrômetro de massas acoplados ao cromatógrafo a gás permite a identificação positiva de quase todos os compostos, mas os equipamentos têm preços elevados, o que limita suas aplicações (Lordello, 2017a). Nessa técnica, as amostras

são bombardeadas por elétrons, gerando íons positivos (os cátions), negativos (ânions) e radicais, e, posteriormente, analisa-se a sua separação por meio da diferença entre massa/carga. Sabendo-se que essa técnica é indicada para análise dos gases poluentes da atmosfera, enumere os tipos de gases poluidores mais comumente encontrados em ambientes industriais e que poderiam ser estudados pela espectrometria de massas.

Atividade aplicada: prática

1. A espectrometria de massa é aplicada no teste do pezinho, o que permite a pesquisa de uma grande quantidade de doenças metabólicas hereditárias, que são erros inatos do metabolismo, como: "Aminoacidopatias; Distúrbios do Ciclo da Ureia; Acidemias Orgânicas; Distúrbios da Beta Oxidação dos Ácidos Graxos (inclusive a deficiência de MCAD); Doença de Gaucher; Doença de Pompe; Doença de Fabry; Mucopolissacaridose tipo 1" (DLE, 2022). Tendo isso em vista, imagine que você trabalha no laboratório que faz as análises do sangue coletado dos pezinhos dos bebês e pesquise qual seria o pico do espectro de massa correspondente a alguma das doenças citadas anteriormente, que podem ser descobertas logo após o nascimento da criança.

Capítulo 6

Ressonância magnética nuclear (RMN)

O objetivo deste capítulo é aplicar os conceitos e as definições dos princípios da ressonância magnética nuclear (RMN) para a análise de compostos orgânicos. Nesse sentido, analisaremos os princípios e as bases teóricas da análise por RMN, bem como os conceitos e os mecanismos de absorção nas amostras dessa análise. Por fim, conheceremos os tipos de absorções típicas de compostos orgânicos após a análise por RMN.

A sigla RMN vem da expressão em inglês *Nuclear Magnetic Resonance*, e significa:

- **Nuclear**: Trata-se apenas da inter-relação com as propriedades físicas do núcleo, e não com os átomos ou moléculas de certos elementos.
- **Magnetic**: O núcleo de alguns elementos, por exemplo, o próton do hidrogênio, que gira em torno de seu eixo com um momento de rotação ou *spin*, tem carga elétrica, ou seja, o movimento gera um momento magnético. A rotação de seus eixos e os momentos magnéticos seguem direções aleatórias. Aplicando-se um campo magnético externo, ocorre a rotação dos núcleos, que alinham seus eixos, como giroscópios, na direção do campo externo.
- **Resonance**: É a diferença entre dois estados possíveis de energia dependentes linearmente da intensidade do campo magnético externo.

A espectrometria de RMN é uma forma de espectrometria de absorção na qual, sob composições apropriadas, núcleos podem absorver radiação eletromagnética na região de radiofrequência (RF) em frequência determinada por suas características estruturais.

A RMN é uma técnica que tem avançado bastante graças a novos equipamentos, acompanhando a velocidade do desenvolvimento tecnológico e científico com mudanças em *hardware*, *software* e referentes a novas aplicações.

Atualmente, dispõe-se de pacotes aplicativos, em que o usuário não especialista pode, em poucos dias, tirar proveito da técnica, e que permitem ao especialista a pesquisa e o desenvolvimento de novas aplicações.

6.1 Princípios da RMN

Na sequência, apresentaremos as propriedades magnéticas do núcleo, seus estados de *spin* e momentos magnéticos nucleares.

Propriedades magnéticas do núcleo

As propriedades magnéticas de alguns núcleos atômicos podem ser compreendidas se se considerar que um núcleo carregado, girando em torno de um eixo, gera, na direção deste, um campo magnético com momento angular nuclear μ.

Ao sobrepor, no campo magnético constante, insere-se outro campo variável que tenha intensidade diferente dos observados, ou seja, núcleos de baixa energia passam a ter alta energia e núcleos de alta energia passam a ter baixa energia (emitindo a energia perdida).

A quantidade de energia necessária para provocar transições nucleares pode ser calculada usando-se um campo de radiofrequência externo. Conforme a frequência correta e a intensidade aplicada, os núcleos atômicos podem emitir e absorver energia, passando do estado de alta para baixa energia e vice-versa, em um processo chamado *ressonância*.

Fique atento!

A técnica de RMN auxilia na investigação das propriedades das moléculas orgânicas por meio da obtenção de informações relacionadas à estrutura, à dinâmica, ao estado de reação e ao ambiente químico das moléculas.

Estados de *spin*

Os núcleos atômicos apresentam uma propriedade denominada *spin*, em que reagem se movendo de forma circular, como se estivessem girando. Conforme Pavia et al. (2010, p. 101, grifo do original), "qualquer núcleo atômico que tenha massa **ímpar** ou número atômico **ímpar**, ou ambos, tem um **momento angular de *spin*** e um momento magnético". De acordo com os autores, "para cada núcleo com spin, o número de estados de spin permitidos que podem ser adotados é quantizado e determinado por seu número quântico de spin nuclear I", em que o "número I é uma constante física, e há 2I + 1 estados de spin permitidos com diferenças inteiras que vão de +I a –I" (Pavia et al., 2010, p. 101). No caso dos estados de spin individuais, estes se deslocam na sequência (Pavia et al., 2010).

$$+i, (i-), \ldots, (-i+), -i \qquad \text{Equação 6.1}$$

Momentos magnéticos nucleares

Nos momentos magnéticos nucleares, os estados de *spin* não apresentam a mesma energia em um campo aplicado, visto que, quando ocorre o deslocamento da carga, gera-se um campo magnético próprio. Logo, "o núcleo tem um momento magnético μ gerado por sua carga e por *spin*" (Pavia et al., 2010, p. 102). Cabe lembrar que, no caso do núcleo de hidrogênio, este pode ter *spins* variando de +1/2 para −1/2, de acordo com o seu sentido, horário ou anti-horário, respectivamente. Além disso, ainda de acordo com Pavia et al. (2010, p. 102), "todos os prótons têm seus momentos magnéticos alinhados com o campo ou opostos a ele".

6.2 Mecanismos de absorção

A RMN destaca-se no momento em que os núcleos estão alinhados com um campo aplicado e são induzidos a absorver energia e, assim, mudam sua orientação de *spin* em relação ao campo aplicado (Pavia et al., 2010).

Na RMN de pulsos, aplica-se um campo pulsante de curta duração, em que os prótons de baixa energia passam para a alta energia e vice-versa, em um processo similar ao que ocorre na formação do som de um sino. Com o choque entre metais, o sino recebe energia e entra em ressonância, emitindo um som característico. À medida que o tempo passa, o som se atenua, diminuindo sua amplitude. Analogamente, os núcleos ressonam e, à medida que emitem energia, a oscilação se atenua.

A emissão de energia é detectada com uma bobina associada a um sistema amplificador eletrônico. A amplitude inicial do sinal é proporcional, por exemplo, ao número de núcleos H^+ presentes na amostra, e a atenuação, ou seja, o tempo desde a excitação até o fim da oscilação, fornece informação relativa às formas de ligação química entre os átomos.

Para a compreensão da natureza da transição nuclear de *spin*, Pavia et al. (2010, p. 105) apontam que

> é útil a analogia com um brinquedo muito conhecido: o pião. Prótons absorvem energia porque começam a mudar de direção em um campo magnético aplicado. O fenômeno da precessão é similar ao de um pião. Por causa da influência do campo gravitacional da terra, o pião começa a cambalear, ou mudar de direção, sobre seu eixo [...]. Um núcleo girando, sob a influência de um campo magnético aplicado, comporta-se da mesma maneira.

O núcleo inicia uma mudança de direção sobre seu próprio eixo de rotação assim que o campo magnético é aplicado, com uma frequência angular ω, também denominada *frequência de Larmor* (Pavia et al., 2010).

6.3 Espectrômetro de RMN

Neste tópico, conheceremos os componentes do espectrômetro de ressonância nuclear (RMN).

Nesse sentido, Jacobsen (2007, tradução nossa) afirma:

Existem dois tipos de espectrômetros de RMN: os mais antigos, de onda contínua (CW, na sigla em inglês) e os mais recentes, de pulso ou de Transformada de Fourier (FT-NMR, na sigla em inglês). Nos equipamentos CW, os espectros eram coletados através de lentas alterações no sinal da frequência de rádio, localizado próximo à amostra.

O processo matemático conhecido como Transformada de Fourier converte o sinal, que originalmente foi obtido em função do domínio tempo (*Free Induction Decay*, ou FID), para uma função no domínio da frequência.

Preste atenção!

A transformada de Fourier fornece um mapa das frequências que compõem as oscilações eletromagnéticas emitidas pelos núcleos dos átomos. Esse mapa é denominado *espectro de RMN*, o qual permite identificar os compostos por meio de sua intensidade em função do tempo.

O espectro de RMN consiste de um gráfico em que o eixo *y* está relacionado à intensidade do sinal, enquanto o eixo *x* se refere à frequência analisada. O FT-NMR apresenta a vantagem de obter rapidamente os dados, em torno de 2-3 segundos, enquanto no CW eram necessários cerca de 5 minutos, razão por que este último já pode ser considerado um equipamento obsoleto (Jacobsen, 2007).

Os componentes básicos do espectrômetro de RMN são: magneto supercondutor, sonda, transmissor de rádio, receptor de rádio, conversor de sinal analógico para digital (ADC, do inglês *analog-to-digital converter*) e computador, conforme mostra a Figura 6.1 (Jacobsen, 2007).

Figura 6.1 – Espectrômetro de RMN

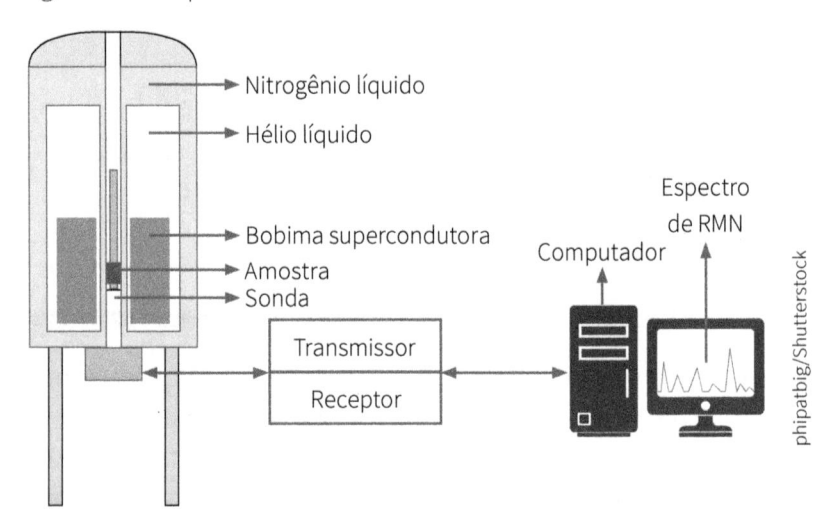

- Nitrogênio líquido
- Hélio líquido
- Bobima supercondutora
- Amostra
- Sonda
- Transmissor
- Receptor
- Computador
- Espectro de RMN

phipatbig/Shutterstock

Fonte: Colnago; Almeida; Valente, 2002, p. 13.

Jacobsen (2007, tradução nossa) afirma:

> O magneto é um solenoide composto por uma mistura dos metais supercondutores nióbio e titânio, o qual fica imerso num banho de hélio líquido, na temperatura de aproximadamente 4 K. Uma larga corrente flui pelos loops do solenoide, gerando um campo magnético forte e contínuo, sem alimentação externa. O compartimento de hélio é resfriado por uma jaqueta térmica, preenchida, por sua vez, com nitrogênio líquido (77 K).

Jacobsen (2007, tradução nossa) cita, ainda, que a sonda "é uma bobina de fios, posicionada perto da amostra, permitindo a alternância entre a transmissão e a recepção dos sinais de frequência de rádio". O transmissor, direcionado pelo computador, envia pulsos na frequência de rádio para uma sonda. Posteriormente, amplifica-se e converte-se em frequência de áudio o sinal fraco que foi recebido, que é também registrado em intervalos de tempo estabelecidos pelo ADC, dando origem a um sinal digital que equivale a uma lista de números.

A intensidade e o tempo dos pulsos são determinados e processados pelo computador, sendo possível, assim, aplicar a transformada de Fourier para gerar os espectros de RMN no monitor (Jacobsen, 2007).

Cabe ressaltar que o valor de um espectrômetro de RMN varia conforme a força do campo magnético utilizado.

6.4 Condições para análise

É de suma importância examinar os princípios e as condições de análise de compostos orgânicos por RMN.

A RMN do próton apresenta a limitação do instrumento em detectar o hidrogênio presente na água ou no óleo, sem distinguir um do outro.

Para realizar essas distinções, necessita-se conhecer mais do que o número de prótons. Normalmente, isso é possível medindo o tempo que demoram os núcleos para retornar ao seu estado inicial normal após serem excitados. Esse intervalo é chamado *tempo de relaxação* ou *relaxação nuclear*.

6.5 Análise de absorções típicas por tipo de composto

Na técnica de espectroscopia de RMN, há um núcleo absorvendo a radiação eletromagnética de uma frequência específica. Essa técnica é largamente utilizada para detectar átomos leves, como o hidrogênio em hidrocarbonetos, e átomos pesados, como a platina, além de possibilitar o estudo do corpo humano sem causar danos. A fórmula molecular da substância, bem como a fórmula estrutural e a espacial, podem ser obtidas por meio da análise do espectro de RMN de 13C, quando esta for associada à análise de espectros de RMN 1H. No que se refere às moléculas de estrutura complexa, podem ser obtidos os espectros de RMN 1H e 13C, ao mesmo tempo e de formas correspondentes, originando a categoria de RMN em duas dimensões (2D 1H-1H e 1H-13C).

Conforme Crispim (2019, p. 26):

> A ressonância magnética nuclear (RMN) se baseia na medição de absorção radiação de radiofrequência por um núcleo em um campo magnético forte. Assim como os elétrons possuem o número quântico spin (S), os núcleos de 1H e de alguns isótopos também possuem spin. O núcleo do hidrogênio comum é como o elétron: seu spin é ½ e pode assumir dois estados: +½ e −½. Isto significa que o núcleo do hidrogênio possui dois momentos magnéticos. Outros núcleos e com número quântico spin igual a ½ são os dos isótopos 13C, 19F e 31P.

A absorção da radiação faz com que o spin nuclear se alinhe ou gire em direção à maior energia. Após absorver energia, os núcleos remeterão radiação de radiofrequência e voltarão ao estado de energia mais baixo.

Diferentes energias podem ser observadas em dois alinhamentos de *spin* nuclear, cuja degeneração ocorre por meio da aplicação de um campo magnético. Visualiza-se energia mais baixa quando o núcleo possui o seu *spin* alinhado com o campo, enquanto o alinhamento oposto ao campo possibilitará uma energia mais alta (Crispim, 2019).

Crispim (2019, p. 27) também informa que:

> A energia de uma transição RMN depende da força do campo magnético, um fator de proporcionalidade para cada núcleo, por isso, o ambiente local ao redor do núcleo em uma molécula perturbará levemente o campo magnético local exercido sobre o núcleo e afetará sua energia exata de transição. No entanto, esta dependência da energia de transição na posição de um átomo, em particular em uma molécula, faz com que a espectroscopia RMN seja muito utilizada para determinar a estrutura de moléculas e também para a determinação quantitativa da espécie absorvente.

A espectroscopia RMN é uma das ferramentas mais poderosas para elucidar a estrutura de espécies orgânicas e inorgânicas (Crispim, 2019).

Nos instrumentos de CW de baixa resolução, os eletroímãs são resfriados com água e os magnetos nos espectrômetros TF-RMN são resfriados com hélio líquido.

Interpretação de espectros de RMN

Segundo Lordello (2017c, p. 11), há quatro sinais principais relacionados ao RMN. São eles (Figura 6.2):

- O **número** de sinais mostra quantos tipos diferentes de hidrogênios estão presentes.
- A **localização** dos sinais mostra como o núcleo do hidrogênio é protegido ou desprotegido.
- A **intensidade** do sinal mostra o número de hidrogênios do mesmo tipo.
- O **desdobramento** do sinal mostra o número de hidrogênios dos átomos adjacentes.

Figura 6.2 – Características dos sinais do RMN

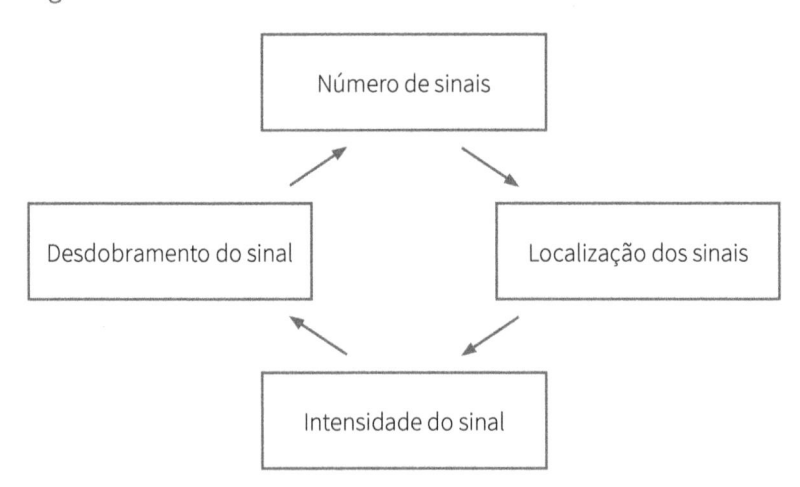

Na Figura 6.3, são apresentados os tipos de prótons e os valores aproximados de delta, que é o deslocamento químico. Este é mensurado "em partes por milhão (ppm) ou δ (número adimensional que iguala as frequências de ressonância de núcleos submetidos a B_0 diferentes)" (Lordello, 2017c, p. 15).

Lordello (2017c, p. 15) indica que o deslocamento químico é a "razão entre o deslocamento para campo baixo a partir do TMS (Hz) e a frequência total do instrumento (Hz)".

Figura 6.3 – Valores típicos de deslocamento dos prótons

Tipo de próton	Aproximadamente δ	Tipo de próton	Aproximadamente δ
alcano ($-CH_3$)	0.9	>C=C<_{CH_3}	1.7
alcano ($-CH_2-$)	1.3	Ph–H	7.2
alcano ($-\overset{\mid}{C}H-$)	1.4	Ph–CH_3	2.3
$\overset{O}{\underset{\|}{-C}}-CH_3$	2.1	R–CHO	9–10
$-C\equiv C-H$	2.5	R–COOH	10–12
R–CH_2–X (X = halogênio, O)	3–4	R–OH	variável, cerca de 2–5
		Ar–OH	variável, cerca de 4–7
>C=C<_H	5–6	R–NH_2	variável, cerca de 1.5

Fonte: Lordello, 2017c, p. 18.

Na Figura 6.4, a seguir, vemos um exemplo de espectro de RMN.

Figura 6.4 – Espectro de RMN

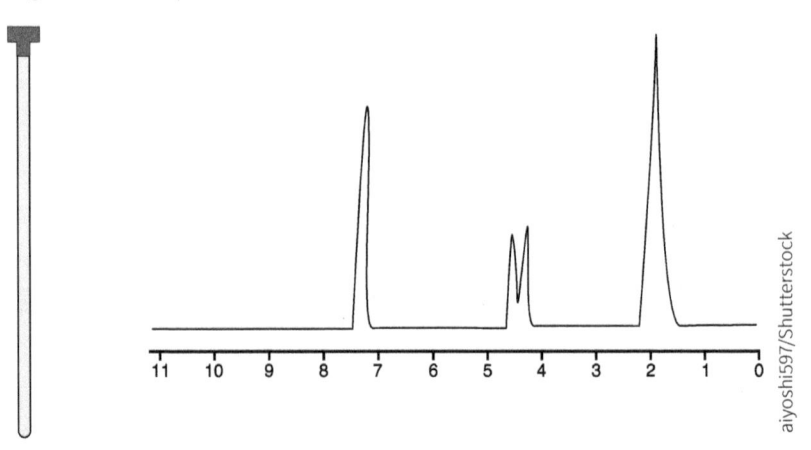

aiyoshi597/Shutterstock

Curiosidade

Em 1973, Paul Lauterbur apresentou a ressonância magnética. Dois anos depois, em 1975, Richard Ernst propôs a análise utilizando a codificação em fase e frequência, bem como a transformação de Fourier.

Exemplo prático

A técnica de RMN é muito utilizada na área de aplicação médica, mas também é usada em análise de degradação de fármacos, toxicologia forense e análise de alimentos na verificação do teor de óleo em sementes.

Luz, câmera, reflexão!

O filme *Para sempre Alice* (2014) conta a história de uma professora que tem sua vida transformada inesperadamente quando é diagnosticada com Alzheimer.

A RMN pode ser utilizada no diagnóstico e no acompanhamento de pacientes com doenças neurodegenerativas, como doença de Alzheimer, doença de Parkinson, esclerose múltipla, esclerose lateral amiotrófica (ELA), doença de Huntington, entre outras.

Importante!

Podemos determinar uma estrutura molecular por meio da combinação de dados de infravermelho e ressonância magnética nuclear. Para tal, a técnica se baseia na verificação das propriedades magnéticas dos núcleos atômicos do analito.

Síntese

A espectroscopia de ressonância magnética nuclear (RMN) é uma técnica muito importante, que consiste em submeter o núcleo atômico a um campo magnético artificial. Trata-se de uma técnica em que se verifica a transição de nível energético e a intensidade do sinal gerado para identificar e quantificar o analito a ser analisado. Logo, ao serem expostos a um campo magnético intenso, há o deslocamento dos níveis de energia dos núcleos atômicos, alterando suas propriedades de *spin* e de momento magnético.

Indicações culturais

SILVERSTEIN, R. M.; WEBSTER, F. X.; KIEMLE, D. J. **Identificação espectrométrica de compostos orgânicos**. 7. ed. Rio de Janeiro: LTC, 2007.

Os autores, nessa obra, fornecem informações para facilitar as leituras dos sinais da espectrometria de RMN, indicando as intensidades de leitura como forma de identificação dos compostos orgânicos.

LACERDA JR., V. **Fundamentos de espectrometria e aplicações**. São Paulo: Atheneu, 2018. (Série Química: Ciência e Tecnologia, v. 7).

Nessa obra, o autor apresenta capítulos específicos sobre RMN de 13C e multinúcleos, RMN no estado sólido e RMN em baixo campo.

Para refletir

Em seu trabalho, Silva (2008) mostrou o estudo da quantificação de lipoproteínas por RMN. Sua importância está na possibilidade de utilização dessa técnica como forma de avaliação do risco de doença cardiovascular por meio da concentração do colesterol. Reflita sobre como as técnicas têm contribuído para melhorar a averiguação da saúde da sociedade. Pense em como as análises de rotina permitem verificar a qualidade de vida das pessoas.

Mãos à obra!

Para aprofundar seus conhecimentos, realize uma investigação sobre pesquisas de cunho analítico que utilizaram a técnica de RMN para identificação de compostos orgânicos. Indique quais os compostos que mais comumente são analisados por essa técnica.

Atividades de autoavaliação

1. Por meio da espectroscopia de RMN, é possível fornecer informações detalhadas sobre as moléculas, como sua estrutura, sua dinâmica, seu estado de reação e seu ambiente químico. Para a realização das análises de RMN, há dois tipos de espectrômetros, que são:
   a) Os simétricos e os assimétricos.
   b) Os de onda contínua e os de pulso/de transformada de Fourier.
   c) Os de pressão cinemática e os de pressão estática.
   d) Os de radiação pulsante e os de radiação sistemática.
   e) Os de onda contínua e os de onda simétrica.

2. Assinale a alternativa que apresenta corretamente as partes de um espectrômetro de RMN:
   a) Bomba, coluna, detector e registrador.
   b) Transmissor de rádio, receptor de rádio e computador.
   c) Magneto supercondutor, sonda, transmissor de rádio, receptor de rádio, conversor de sinal analógico para digital (ADC) e computador.

d) Sonda, coluna, conversor de sinal analógico para digital (ADC) e registrador.
e) Magneto supercondutor, sonda e transmissor de rádio.

3. Assinale a alternativa que apresenta a definição da espectrometria de RMN:
   a) Pode vaporizar os compostos, separando-os sem ocorrer a decomposição.
   b) É utilizada para análise quali e quantitativa de metais.
   c) Detecta e identifica as moléculas conforme sua massa e estrutura química.
   d) É uma forma de espectrometria de absorção na qual, sob composições apropriadas, núcleos podem absorver radiação eletromagnética na região de radiofrequência (RF) em frequência determinada por suas características estruturais.
   e) Separa a amostra em partes individuas, de acordo com as suas interações físico-químicas.

4. Ao realizar uma análise de espectroscopia de RMN, verificou-se um desdobramento do sinal em 4,0 δ. Qual seria, possivelmente, o elemento detectado?
   a) Alceno.
   b) Ácido carboxílico.
   c) Alcano.
   d) Álcool.
   e) Halogênio.

5. Analise as afirmações a seguir e indique **V** para as afirmativas verdadeiras e **F** para as falsas.
   ( ) A RMN é evidenciada quando os núcleos estão alinhados e neles aplica-se energia, o que os faz absorver mais energia e mudar sua orientação *spin*.
   ( ) Quando o elétron absorve energia e vai para camadas mais afastadas do núcleo, ele libera energia em forma de fóton.
   ( ) A RMN do próton apresenta a limitação do instrumento em detectar o hidrogênio presente na água ou no óleo, sem distinguir um do outro.
   ( ) Os eletroímãs são resfriados com hélio líquido e magnetos em instrumentos de onda contínua (CW) e com água nos espectrômetros de transformada de Fourier (TF-RMN).
   ( ) Ao sobrepor, no campo magnético constante, verifica-se uma alteração da intensidade de energia, sendo que os núcleos de baixa energia passam para a alta energia, enquanto os núcleos de alta energia passam para os de baixa energia.

   Agora, assinale a opção que corresponde à sequência correta:
   a) V – V – F – F – F.
   b) F – F – F – V – V.
   c) V – F – V – F – V.
   d) F – V – F – V – F.
   e) F – V – V – V – F.

Atividades de aprendizagem
Questões para reflexão

1. O leite bovino é amplamente consumido e comercializado em todo o mundo e, por isso, é alvo de adulterações alimentares que têm por objetivo aumentar o lucro sobre sua produção. Entre as mais comuns está a adição de água e compostos nitrogenados, como a melamina, a uréia e o sulfato de amônio, com o intuito de aumentar o volume de leite produzido sem diminuir o teor aparente de proteínas. Sendo assim, a RMN pode ser utilizada na identificação de compostos nitrogenados adicionados em leite bovino (Nascimento, 2016). Sabendo que houve a presença de ureia no meio, com ligação característica de N–R, podemos afirmar que o intervalo do seu deslocamento será entre 1,5–4,0. Tendo isso em vista, reflita sobre a seguinte questão: Se fossem apontados valores diferentes, onde poderia ter havido erro na prática?

2. Na química de produtos naturais, os avanços da RMN se refletem na possibilidade de analisar amostras cada vez menores, além do estudo de núcleos antes impossibilitados pelas limitações dos equipamentos. Além da sensitividade, a RMN preocupa-se também com métodos que produzam melhor espalhamento espectral dos sinais gerados, facilitando a análise (Zampieri; Silveira, 2020). Sabendo que o hélio líquido é o produto que deve ser utilizado para resfriar os magnetos nos espectrômetros de transformada de Fourier (TF-RMN), reflita sobre a importância de se utilizar o material correto

para a ação, descrevendo os efeitos adversos que poderiam ser evidenciados ao se utilizar outros produtos, como benzeno, acetona ou outros.

Atividade aplicada: prática

1. "Em decorrência da vasta aplicação industrial dos organofluorados, a espectroscopia de ressonância magnética nuclear de flúor (^{19}F RMN) ganhou grande relevância. Atualmente, os espectrômetros de ressonância magnética nuclear, disponíveis em indústrias e instituições acadêmicas, possuem a sonda (parte interna do aparelho, na qual se insere a amostra a ser analisada, com frequência específica para cada núcleo, em um determinado campo magnético) para o núcleo de flúor" (Branco et al., 2015, p. 1237). Sendo assim, faça um levantamento dos possíveis tipos de indústrias no seu Estado que devem realizar análises para identificar e quantificar a presença de flúor em suas amostras.

Considerações finais

Vimos nesta obra que a análise química instrumental orgânica se refere à identificação e à quantificação de compostos orgânicos, ou seja, aqueles que, em sua composição, contêm o elemento carbono. A análise química instrumental tem três grandes áreas principais: a cromatografia, a eletroquímica e a espectroscopia.

Entre suas vantagens, a utilização da análise instrumental permite exame em meios sólidos, líquidos e gasosos, sendo vantajosa nos aspectos relacionados a custo, tamanho e no que se refere à versatilidade dos equipamentos utilizados nas análises.

A análise química, então, é definida como um conjunto de técnicas laboratoriais que possibilita a identificação de espécies químicas, bem como sua quantificação.

Neste livro, conhecemos as bases teóricas experimentais dos métodos instrumentais de quantificação e de qualificação, comumente utilizados na área de química, inserindo temas como o preparo amostral e a avaliação criteriosa dos resultados analíticos.

Sendo assim, esperamos que, após a leitura desta obra, a química analítica orgânica esteja mais clara e você possa ter compreendido as diferentes técnicas existentes da análise instrumental, de maneira a saber qual delas escolher ante os desafios de identificação e quantificação na área profissional e na área da pesquisa científica.

Lista de siglas

ADC – Conversor de sinal analógico para digital (do inglês *analog-to-digital converter*)
CCC – Cromatografia contracorrente
CCD – Cromatografia em camada delgada
CG – Cromatografia gasosa
CGAR – Cromatografia gasosa de alta resolução
CLAE – Cromatografia líquida de alta eficiência
CLC – Cromatografia líquida clássica
CP – Cromatografia em papel
CSC – Cromatografia supercrítica
HPLC – *High-performance liquid chromatography*
RMN – Ressonância magnética nuclear
SFC – Cromatografia de fluidos supercríticos

Referências

ABAKERLI, R. B.; FAY, E. F. **Validação de método para análise de N-(fosfonometil) glicina (glifosato) e ácido aminometilfosfônico (AMPA) por HPLC e detecção por fluorescência em culturas**. 2003. Disponível em: <https://ainfo.cnptia.embrapa.br/digital/bitstream/item/13663/1/artcongressA64.pdf>. Acesso em: 24 nov. 2022.

AGILENT TECHNOLOGIES. **Princípios da espectroscopia atômica**: hardware. 2016. Disponível em: <https://www.agilent.com/cs/library/slidepresentation/Public/5991-6593_Agilent_Atomic%20Spectroscopy_Hardware_PTBR.pptx>. Acesso em: 24 nov. 2022.

AMORIM, A. F. V. de. **Métodos cromatográficos**. Fortaleza: EdUECE/Abeu, 2019. Disponível em: <https://educapes.capes.gov.br/bitstream/capes/559763/2/Livro%20M%C3%A9todos%20Cromatogr%C3%A1ficos.pdf>. Acesso em: 24 nov. 2022.

AUGUSTI, R. **Curso Avançado de Espectrometria de Massas**. Departamento de Química da Universidade Federal de Viçosa. 2017. Disponível em: <http://www.deq.ufv.br/area/evento/107>. Acesso em: 24 nov. 2022.

BRADLEY, M. Conceitos básicos de FTIR. **Thermo Fisher Scientific**. Disponível em: <https://www.thermofisher.com/br/en/home/industrial/spectroscopy-elemental-isotope-analysis/spectroscopy-elemental-isotope-analysis-learning-center/molecular-spectroscopy-information/ftir-information/ftir-basics.html>. Acesso em: 24 nov. 2022.

BRANCO, F. S. C. et al. Ressonância magnética nuclear de substâncias organofluoradas: um desafio no ensino de espectroscopia. **Química Nova**, v. 38, n. 9, nov. 2015. Disponível em: <https://www.scielo.br/j/qn/a/VFXDNkcfzCtjDfDwxKWGp3q/?lang=pt>. Acesso em: 24 nov. 2022.

BRASIL. Ministério da Saúde. Agência Nacional de Vigilância Sanitária. Resolução n. 35, de 25 de fevereiro de 2003. **Diário Oficial da União**, 7 mar. 2003. Disponível em: <https://bvsms.saude.gov.br/bvs/saudelegis/anvisa/2003/rdc0035_25_02_2003.html>. Acesso em: 24 nov. 2022.

BRONDANI, P. B. **Espectrometria de massas**: métodos de ionização. 2019. Disponível em: <https://patyqmc.paginas.ufsc.br/files/2019/07/Espectrometria-de-Massas_Outros-me%CC%81todos-de-ionizac%CC%A7a%CC%83o.pdf>. Acesso em: 24 nov. 2022.

BUENO, W. A. **Manual de espectroscopia vibracional**. São Paulo: McGraw-Hill, 1989.

BUSTILLOS, O. V. A espectrometria de massas e a química analítica. **Analytica**, 2020a. Disponível em: <https://revistaanalytica.com.br/a-espectrometria-de-massas-e-a-quimica-analitica/>. Acesso em: 25 nov. 2022.

BUSTILLOS, O. V. O espectro de massas na espectrometria de massas. **Analytica**, 2020b. Disponível em: <https://revistaanalytica.com.br/o-espectro-de-massas-na-espectrometria-de-massas/>. Acesso em: 25 nov. 2022.

CEATOX - Centro de Assistência Toxicológica. **Cromatografia a gás**, 2022. Disponível em: <https://ceatox.ibb.unesp.br/padrao.php?id=12>. Acesso em: 25 nov. 2022.

CFITII, L. O. **Process Analytical Technology in Active Pharmaceutical Ingredients Production**. Dissertação para a obtenção do Grau de Doutor em Engenharia Química. Lisboa: Universidade Técnica de Lisboa–Instituto Superior Técnico, 2007.

COLNAGO, L. A.; ALMEIDA, F. C. L.; VALENTE, A. P. Espectrometria de massa e RMN multidimensional e multinuclear: revolução no estudo de macromoléculas biológicas. **Química Nova na Escola**, n. 16, nov. 2002. Disponível em: <http://qnesc.sbq.org.br/online/qnesc16/v16_A04.pdf>. Acesso em: 25 nov. 2022.

COSTA, I. F. Aplicações da técnica de cromatografia gasosa. **LinkedIn**, 2019. Disponível em: <https://abqrs.com.br/2021/11/03/aplicacoes-da-tecnica-de-cromatografia-gasosa/#:~:text=Atualmente%2C%20a%20Cromatografia%20Gasosa%20(CG,de%20massas%20ou%20outro%20detector>. Acesso em: 9 fev. 2022.

COUTRIM, M. X. **Cromatografia**: princípios da cromatografia. 2016. Disponível em: <http://professor.ufop.br/sites/default/files/mcoutrim/files/qui346_cromatografia_a_gas_10a_a_12a_aula_2016-1.pdf>. Acesso em: 25 nov. 2022.

CRISPIM, H. C. **Acompanhamento das tarefas dos técnicos no Instituto de Química**. 59 f. Trabalho de Conclusão de Curso (Bacharelado em Química do Petróleo) – Universidade Federal do Rio Grande do Norte, Natal, 2019. Disponível em: <https://repositorio.ufrn.br/bitstream/123456789/38288/1/Acompanhamento_Crispim_2019.pdf>. Acesso em: 25 nov.. 2022.

DATALINK. **Análise de óleo transformador**. 2021. Disponível em: <https://www.datalink.srv.br/servicos/analise-de-oleo-transformador>. Acesso em: 25 nov. 2022.

DCTech. **Entendendo o sistema de um cromatógrafo gasoso (CG)**. 2021. Disponível em: <https://www.dctech.com.br/entendendo-um-sistema-de-cromatografia-gasosa-cg/>. Acesso em: 28 nov. 2022.

DEGANI, A. L. G.; CASS, Q. B.; VIEIRA, P. C. Cromatografia: um breve ensaio. **Química Nova na Escola**, n. 7, maio 1998. Disponível em: <http://qnesc.sbq.org.br/online/qnesc07/atual.pdf>. Acesso em: 25 nov. 2022.

DEL GRANDE, M. **Cromatografia gasosa**: princípios básicos. Disponível em: <http://www.cpatc.embrapa.br/eventos/seminariodequimica/1%B0 Minicurso Produ%E7%E3o%20e Qualidade de Biodiesel/cromatografiagasosa.pdf>. Acesso em: 25 nov. 2022.

DLE- Genética Humana, Doenças Raras e Genômicas. **Espectrometria de massas em tandem (ms/ms) aplicada no teste do pezinho**. Disponível em: <https://www.dle.com.br/areas-de-atuacao/triagem-neonatal-teste-do-pezinho/emt-no-teste-do-pezinho/>. Acesso em: 25 nov. 2022.

DONOSO, J. P. **Espectroscopia infravermelha**: moléculas. Instituto de Física de São Carlos, Universidade de São Paulo. Disponível em: <https://www.ifsc.usp.br/~donoso/espectroscopia/Infravermelho.pdf>. Acesso em: 25 nov. 2022.

DUTRA, R. C. L.; TAKAHASHI, M. F. K.; DINIZ, M. F. Importância da preparação de amostras em espectroscopia no infravermelho com transformada de Fourier (FTIR) na investigação de constituintes em materiais compostos. **Polímeros: Ciência e Tecnologia**, v. 5, n. 1, p. 41-47, 1995. Disponível em: <https://revistapolimeros.org.br/journal/polimeros/article/5883713a7f8c9d0a0c8b47bf>. Acesso em: 25 nov. 2022.

EWING, G. W. **Métodos Instrumentais de análise química**. São Paulo: Edgar Blücher, 2002.

FERREIRA, R. de Q.; RIBEIRO, J. **Química analítica 2**. Vitória: Ufes; Núcleo de Educação Aberta e a Distância, 2011.

FOGAÇA, J. R. V. O que é petróleo? **Brasil Escola**, 2022. Disponível em: <https://brasilescola.uol.com.br/o-que-e/quimica/o-que-e-petroleo.htm>. Acesso em: 25 nov. 2022.

FROTA, H. B. M. **Química analítica qualitativa e quantitativa**. Escola Estadual de Educação Profissional – EEEP. 2018. Apostila. Disponível em: <https://educacaoprofissional.seduc.ce.gov.br/images/material_didatico/quimica/quimica_analitica_qualitativa_e_quantitativa_2019.pdf>. Acesso em: 25 nov. 2022.

GEMELLI, J. C. **Síntese e caracterização de quelatos de cádmio e cobre com 8-hidroxiquinolina**. Trabalho de conclusão de curso (Bacharelado em Química) –Universidade Tecnológica Federal do Paraná, Pato Branco, 2019.

GIA – Grupo de Instrumentação e Automação em Química Analítica. **Instrumentação em Química Analítica**. Unicamp, 2015. Disponível em: <https://gia.iqm.unicamp.br/artigospdfematerialcursos/Material%20didatico/Anal%C3%B3gica.pdf>. Acesso em: 28 nov. 2022.

GUIMARÃES, N. **Espectroscopia aplicada à instrumentação analítica**. 2013. Disponível em: <http://analisadoresindustriais.blogspot.com/2013/05/espectroscopia-aplicada-instrumentacao.html>. Acesso em: 28 nov. 2022.

GUPTA, V. K. et al. Voltammetric Techniques for the Assay of Pharmaceuticals: a Review. **Analytical Biochemistry**, v. 408, n. 2, p. 179-196, jan. 2011.

HAGE, D. S.; CARR, J. D. **Química analítica e análise quantitativa**. Tradução de Sônia Midori Yamamoto. São Paulo: Pearson Prentice Hall, 2012.

HOLLAS, J. M. **Basic Atomic and Molecular Spectroscopy**. Cambridge: Royal Society of Chemistry, 2002.

HOLLER, F. J.; SKOOG, D. A.; CROUCH, S. R. **Princípios de análise instrumental**. Tradução de Ignez Caracelli et al. 6. ed. Porto Alegre: Bookman, 2009.

IGLESIAS, A. H. Introdução ao acoplamento cromatografia líquida: espectrometria de massas. In: ENCONTRO NACIONAL SOBRE METODOLOGIA E GESTÃO DE LABORATÓRIOS DA EMBRAPA, 17., 2012, Pirassununga. **Anais**... Pirassununga: Embrapa, 2012. Disponível em: <http://www.cnpsa.embrapa.br/met/images/arquivos/17MET/minicursos/minicursoamadeu-iglesias.pdf>. Acesso em: 28 nov. 2022.

INTERPRETAÇÃO dos resultados de espectrometria de massas. Disponível em: <https://www.waters.com/nextgen/br/pt/education/primers/the-mass-spectrometry-primer/interpreting-mass-spectrometer-output.html>. Acesso em: 28 nov. 2022.

JACOBSEN, N. E. **NMR Spectroscopy Explained**: Simplified Theory, Applications and Examples for Organic Chemistry and Structural Biology. Hoboken, NJ: John Wiley & Sons, 2007.

JASCO. **Princípios da espectroscopia de infravermelho (1)**. 2018. Disponível em: <https://jasco.com.br/principios-de-espectroscopia-de-infravermelho-1/#:~:text=Em%20espectroscopia%20infravermelho%2C%20uma%20amostra,realizem%20an%C3%A1lises%20estruturais%20e%20quantifica%C3%A7%C3%B5es>. Acesso em: 28 nov. 2022.

JASCO. **Princípios da espectroscopia de infravermelho (4)**. 2020. Disponível em: <https://jasco.com.br/principios-de-espectroscopia-de-infravermelho-4/>. Acesso em: 28 nov. 2022.

KASVI. **Espectrofotometria**: princípios e aplicações. 2016. Disponível em: <https://kasvi.com.br/espectrofotometria-principios-aplicacoes/>. Acesso em: 28 nov. 2022.

KRUG, F. J. (Org.). **Métodos de preparo de amostras**: fundamentos sobre métodos de preparo de amostras orgânicas e inorgânicas para análise elementar. Piracicaba: Edição do autor, 2008.

LACAPC – Laboratório de Arqueometria e Ciências Aplicadas ao Patrimônio Cultural. **Espectroscopia Raman**. 2021. Disponível em: <https://portal.if.usp.br/arqueometria/pt-br/node/347#:~:text=A%20Espectroscopia%20Raman%20%C3%A9%20uma,pode%20ser%20inorg%C3%A2nico%20ou%20org%C3%A2nico>. Acesso em: 28 nov. 2022.

LEITE, J. G. **Aplicação das técnicas de espectroscopia FTIR e de micro espectroscopia confocal Raman à preservação do patrimônio**. 2008. Disponível em: <https://repositorio-aberto.up.pt/bitstream/10216/58443/2/Texto%20integral.pdf>. Acesso em: 25 nov. 2022.

LEITE, A. C. et al. Isolamento do alcalóide ricinina das folhas de Ricinus communis (Euphorbiaceae) através de cromatografias em contracorrente. **Química Nova**, v. 28, n. 6, p. 983-985, dez. 2005. Disponível em: <https://www.scielo.br/j/qn/a/skYZMYLxw5TY3J6vgXr4p7v/?lang=pt>. Acesso em: 28 nov. 2022.

LIMA, C. V. de S. **Utilização de infravermelho no controle da qualidade de medicamentos**. Trabalho de Conclusão de Curso (Graduação em Farmácia) – Universidade de Brasília. Brasília, 2019. Disponível em: <https://bdm.unb.br/bitstream/10483/24228/1/2019_CarolineVieiraDeSousaLima_tcc.pdf>. Acesso em: 25 nov. 2022.

LORDELLO, A. L. L. **Espectrometria de massas**. 2017a. Disponível em: <http://www.quimica.ufpr.br/paginas/ana-lordello/wp-content/uploads/sites/7/2017/08/aula-07-Espectrometria-de-Massas.pdf>. Acesso em: 28 nov. 2022.

LORDELLO, A. L. L. **Espectrometria no IV**. 2017b. Disponível em: <http://www.quimica.ufpr.br/paginas/ana-lordello/wp-content/uploads/sites/7/2017/08/aula-02-IV.pdf>. Acesso em: 25 nov. 2022.

LORDELLO, A. L. L. **Ressonância magnética nuclear**. 2017c. Disponível em: <http://www.quimica.ufpr.br/paginas/ana-lordello/wp-content/uploads/sites/7/2017/08/aula-04-e-05-RMN-de-Hidrogênio-2.pdf>. Acesso em: 28 nov. 2022.

LOWINSOHN, D. **HPLC – High Performance Liquid Cromatography:** Cromatografia Líquida de Alta Eficiência (CLAE). Universidade Federal de Juiz de Fora, 2016a. Disponível em: <https://www.ufjf.br/quimica/files/2016/08/AULA-HPLC.pdf>. Acesso em: 28 nov. 2022.

LOWINSOHN, D. **Introdução à análise química**. Universidade Federal de Juiz de Fora. 2016b. Disponível em: <https://www.ufjf.br/nupis/files/2016/08/Aula-1-solu%C3%A7%C3%B5es-e-c%C3%A1lculos-de-concentra%C3%A7%C3%B5es.pdf>. Acesso em: 28 nov. 2022.

LOWINSOHN, D. **Métodos de calibração nuclear**. Universidade Federal de Juiz de Fora, 2012. Disponível em: <https://www.ufjf.br/nupis/files/2012/04/aula-1-m%C3%A9todos-de-calibra%C3%A7%C3%A3o.pdf>. Acesso em: 28 nov. 2022.

LOWINSOHN, D. **Problemas em química analítica e estatística**. Universidade Federal de Juiz de Fora, 2016c. Disponível em: <https://www.ufjf.br/nupis/files/2016/04/aula-9-Estat%c3%adstica.pdf>. Acesso em: 28 nov. 2022.

MACEDO, W. R. **Representação das vibrações de deformações axiais e angulares**. 2017. Disponível em: <https://www.researchgate.net/figure/Figura-2-Representacao-das-vibracoes-de-deformacoes-axiais-e-angulares-e-indicam_fig30_316884106>. Acesso em: 28 nov. 2022.

MAGALHÃES, D. F. **Aplicações da espectroscopia de infravermelho próximo na monitorização de processos farmacêuticos**. 127 f. Dissertação (Mestrado em Química Tecnológica) – Universidade de Lisboa, Lisboa, 2014. Disponível em: <https://repositorio.ul.pt/bitstream/10451/15541/1/ulfc111897_tm_Diogo_Magalh%C3%A3es.pdf>. Acesso em: 25 nov. 2022.

MAGALHÃES, L. **Cromatografia**. Toda Matéria 2011. Disponível em: <https://www.todamateria.com.br/cromatografia/#:~:text=Eluente%3A%20%C3%A9%20a%20fase%20m%C3%B3vel,promover%20a%20separa%C3%A7%C3%A3o%20dos%20componentes>. Acesso em: 25 nov. 2022.

MAKAROV, A. et al. Performance Evaluation of a Hybrid Linear Ion Trap/Orbitrap Mass Spectrometer. **Analytical Chemistry**, v. 78, p. 2113-2120, 2006.

MANTSCH, H. H.; CHAPMAN, D. (Ed.). **Infrared Spectroscopy of Biomolecules**. New York: John Wiley & Sons, 1995.

MARANGON, A. A. dos S. **Compósitos de PVA/Caulinita e PVA/Caulinita funcionalizada**. 90 f. Dissertação (Mestrado em Engenharia e Ciência de Materiais) – Universidade Federal do Paraná, Curitiba, 2008. Disponível em: <https://acervodigital.ufpr.br/bitstream/handle/1884/17290/dissertação mest antonio augusto dos santos marangon.pdf?sequence=1&isAllowed=y>. Acesso em: 5 dez. 2022.

MARTINS, J. da S. **Cinética química em fotorresinas usando espectrometria de massa LDI-ToF de alta resolução**. 73 f. Dissertação (Mestrado em Física) – Universidade Federal de Juiz de Fora, Juiz de Fora, 2013. Disponível em: <https://www.researchgate.net/publication/280287112_Cinetica_Quimica_em_Fotorresinas_usando_Espectrometria_de_Massa_LDI-ToF_de_Alta_Resolucao/download>. Acesso em: 5 dez. 2022.

MAXILABOR. **Exame toxicológico**. 2021. Disponível em: <https://www.maxilabor.com.br/exame-toxicologico2/>. Acesso em: 5 dez. 2022.

MAXWELL, J. C. **Espectroscopia no infravermelho**. 2018. Disponível em: <https://www.maxwell.vrac.puc-rio.br/4432/4432_4.PDF>. Acesso em: 5 dez 2022.

MORAES, M. C. B.; LAGO, C. L. do. Espectrometria de massas com ionização por "electrospray" aplicada ao estudo de espécies inorgânicas e organometálicas. **Química Nova**, v. 26, n. 4, p. 556-563, 2003. Disponível em: <https://www.scielo.br/j/qn/a/cMr4hqBcy9fCKnwZhjqYjCy/?lang=pt>. Acesso em: 5 dez. 2022.

MULTILAB. **Espectrometria de massa**. Disponível em: <https://multilab-uerj.com.br/metodos/espect-massa/>. Acesso em: 9 fev. 2022.

NASCIMENTO, C. T. **A utilização de ressonância magnética nuclear (RMN) na identificação de compostos nitrogenados adicionados em leite bovino**. Trabalho de Conclusão de Curso (Graduação em Biomedicina) – Universidade Federal do Paraná, 2016. Disponível em: <https://acervodigital.ufpr.br/bitstream/handle/1884/46472/TCC%20Camila%20Thiemi%20Asano%20Nascimento.pdf?sequence=1&isAllowed=y>. Acesso em: 5 dez. 2022.

OLIVEIRA, A. A. et al. Identificação de madeiras utilizando a espectrometria no infravermelho próximo e redes neurais artificiais. **Tema**, São Carlos, v. 16, n. 2, p. 81-95, ago. 2015. Disponível em: <https://www.scielo.br/j/tema/a/PHbKVRYjW3FMHL8G3xzKHhj/?lang=pt>. Acesso em: 5 dez. 2022.

PASSOS, E. de A. Métodos instrumentais de análise. São Cristóvão: Universidade Federal de Sergipe/Cesad, 2011. Disponível em: <https://cesad.ufs.br/ORBI/public/uploadCatalago/18024916022012Metodos_Instrumentais_de_Analise_-_Aula_01.pdf>. Acesso em: 23 set. 2022.

PAVIA, D. L. et al. **Introdução à espectroscopia**. Tradução de Pedro Barros e Roberto Torrejon. São Paulo: Cengage Learning, 2010.

PAVIA, D. L.; LAMPMAN, G. M.; KRIZ, G. S. **Introduction to Spectroscopy**: a Guide for Students of Organic Chemistry. Philadelphia: Saunders College Publishing/Harcourt Brace Jovanovich College, 2010.

PEZZIN, S. **Espectroscopia no infravermelho**: Parte 2. PGCEM – UDESC. 2010. Disponível em: <https://slideplayer.com.br/slide/363971/>. Acesso em: 25 nov. 2022.

PINHO, G. P. et al. Efeito de matriz na quantificação de agrotóxicos por cromatografia gasosa. **Química Nova**, v. 32, n. 4, p. 987-995, 2009. Disponível em: <https://www.scielo.br/j/qn/a/RPWJZD3rVMBGbCYTtVTd7tp/?format=html>. Acesso em 28 nov. 2022.

PORTAL EDUCAÇÃO. **Espectroscopia de Ressonância Magnética Nuclear (RMN)**. Disponível em: <https://www.portaleducacao.com.br/conteudo/artigos/estetica/espectroscopia-de-ressonancia-magnetica-nuclear-rmn/28436>. Acesso em: 5 dez. 2022.

PORTAL LABORATÓRIOS VIRTUAIS DE PROCESSOS QUÍMICOS. **Fundamentos**. Disponível em: <http://labvirtual.eq.uc.pt/site Joomla/index.php?Itemid=451#inicio>. Acesso em: 28 nov. 2022.

RAMOS, T. de M. et al. Identificação de lactulose por cromatografia em camada delgada (CCD). CONGRESSO DE PÓS-GRADUAÇÃO DA UFLA, 19., 2010, Lavras. **Anais...** Disponível em: <http://www.sbpcnet.org.br/livro/lavras/resumos/414.pdf>. Acesso em: 5 dez. 2022.

REIS, E. L. T.; SARKIS, J. E. de S.; RODRIGUES, C. Identificação de resíduos de disparos de armas de fogo por meio da técnica de espectrometria de massas de alta resolução com fonte de plasma indutivo. **Química Nova**, v. 27, n. 3, p. 409-413, 2004. Disponível em: <https://www.scielo.br/j/qn/a/8KtK7mFzPNpcKTTmHBrbk8w/?format=pdf&lang=pt>. Acesso em: 5 dez. 2022.

RODRIGUES, L. **O que é a cromatografia?** 2013. Disponível em: <https://www.quimicasuprema.com/2013/12/o-que-e-cromatografia.html>. Acesso em: 5 dez. 2022.

ROSSI, A. V.; TORETTI, G. A. Química analítica. **Proquimica**, Unicamp, 2003. Disponível em: <https://proquimica.iqm.unicamp.br/newpage11.htm>. Acesso em: 5 dez. 2022.

SANTOS, V. C. dos. Análise instrumental – aula 12 – Cromatografia Gasosa. **Univesp**, 2018. Disponível em: <https://www.youtube.com/watch?v=uoBAKoNpPv0>. Acesso em: 5 dez. 2022.

SERRA, A. A. **Análise instrumental**: métodos espectroanalíticos (UV-Vis). 2020. Disponível em: <https://edisciplinas.usp.br/mod/resource/view.php?id=3188147>. Acesso em: 5 dez. 2022.

SERRA, A. A.; BARBOZA, J. C. de S. **Análise instrumental**: cromatográfica (teoria). Disponível em: <https://edisciplinas.usp.br/mod/resource/view.php?id=3284886>. Acesso em: 25 nov. 2022.

SILVA, A. N. da. **Quantificação de Lipoproteínas por Espectroscopia de Ressonância Magnética Nuclear (RMN)**. 118 f. Dissertação (Mestrado em Ciências) – Universidade de São Paulo, São Paulo, 2008. Disponível em: <https://pdfs.semanticscholar.org/3f67/9bf95d91e9e97de510c720c4a7b785056194.pdf>. Acesso em: 5 dez. 2022.

SILVA, C. G. A. da; COLLINS, C. H. Aplicações de cromatografia líquida de alta eficiência para o estudo de poluentes orgânicos emergentes. **Química Nova**, v. 34, n. 4, p. 665-676, 2011. Disponível em: <https://www.scielo.br/j/qn/a/3jpTtzsTcVYWK5FH7sSjvrS/?format=html&lang=pt>. Acesso em: 5 dez. 2022.

SILVA, J. C. J. **Tópicos em métodos espectroquímicos**: Aula 2 – Espectrometria molecular (parte 1). Universidade Federal de Juiz de Fora, 2015a. Disponível em: <https://www.ufjf.br/baccan/files/2010/10/Aula-2-UV-Vis-2o-Sem-2015-Parte-1.pdf>. Acesso em: 5 dez. 2022.

SILVA, J. C. J. **Introdução à química analítica instrumental**: Parte 2. Universidade Federal de Juiz de Fora. 2018. Disponível em: <https://www.ufjf.br/baccan/files/2010/10/Aula-1-1o-Sem_Estatistica_2018_parte-2.pdf>. Acesso em: 5 dez. 2022.

SILVA, J. C. J. **Métodos de separação**. Universidade Federal de Juiz de Fora. 2015b. Disponível em: <https://www.ufjf.br/baccan/files/2010/10/Aula-6-separa%C3%A7%C3%B5es_26-05-15.pdf>. Acesso em: 28 nov. 2022.

SILVA, L. G. de M. **Uma breve revisão sobre RMN e algumas de suas aplicações**. 34 f. Trabalho de Conclusão de Curso (Graduação em Química Industrial) – Universidade Federal de Uberlândia, Uberlândia, 2018. Disponível em: <https://repositorio.ufu.br/bitstream/123456789/22234/3/BreveRevis%C3%A3oRMN.pdf>. Acesso em: 5 dez. 2022.

SILVA, L. L. R. e. **Introdução à química analítica**. UFJF, 2011. Disponível em: <http://www.ufjf.br/baccan/files/2011/05/Aula-1-Introdução-à-Química-Analítica_2015.pdf>. Acesso em: 5 dez. 2022.

SILVERSTEIN, R. M.; WEBSTER, F. X.; KIEMLE, D. J. **Identificação espectrométrica de compostos orgânicos**. 7. ed. Rio de Janeiro: LTC, 2007.

SKOOG, D. A. et al. **Fundamentos de química analítica**. Tradução de Marco Tadeu Grassi e Célio Pasquini. São Paulo: Thomson, 2007.

SOUSA, R. A. **Espectrofotometria no UV-Vis**: Parte 1. 2012. Disponível em: <https://docplayer.com.br/7107899-Analitica-v-2s-2012-aula-4-10-12-12-espectroscopia-prof-rafael-sousa-notas-de-aula-www-ufjf-br-baccan.html>. Acesso em: 25 nov. 2022.

SOUSA, R. A. **Preparo de amostras**. 2015. Disponível em: <https://www.ufjf.br/baccan/files/2011/07/Aula-4-Preparo-de-amostras-1a-parte_1S-20151.pdf>. Acesso em: 25 nov. 2022.

TOSTES, P. **Afinal de conta, para que servem os exames de urina?** 2017. Disponível em: <https://blog.paulatostes.com.br/exames-de-urina/>. Acesso em: 5 dez. 2022.

UENOJO, M.; MARÓSTICA JUNIOR, M. R. M.; PASTORE, G. M. Carotenoides: propriedades, aplicações e biotransformação para formação de compostos de aroma. **Química Nova**, v. 30, n. 3, jun. 2007. Disponível em: <https://www.scielo.br/j/qn/a/7R78BnnsV5mNPsCjk938LbH/?lang=pt>. Acesso em: 5 dez.. 2022.

USP – Universidade de São Paulo. **Tabela de valores de absorção no infravermelho para compostos orgânicos**. 2020. Disponível em: <https://edisciplinas.usp.br/pluginfile.php/5152720/mod_resource/content/1/TABELA%20DE%20VALORES%20DE%20ABSOR%C3%87%C3%83O%20NO%20INFRAVERMELHO.pdf>. Acesso em: 25 nov. 2022.

VELUDO, F. **Espectrometria de massa**. 2016. Disponível em: <https://prezi.com/zx4twhzmmbfv/espectrometria-de-massa/>. Acesso em: 5 dez. 2022.

VOGEL, A. I.; BASSETT, J. **Análise inorgânica quantitativa**: incluindo análise instrumental elementar. 4. ed. Rio de Janeiro: Guanabara Dois, 1981.

ZAMPIERI, D.; SILVEIRA, E. R. **Aplicações em RMN**. 2020. Disponível em: <https://pgquim.ufc.br/pt/linhas-de-pesquisa/aplicacoes-em-rmn/>. Acesso em: 5 dez. 2022.

Bibliografia comentada

CIENFUEGOS, F.; VAITSMAN, D. **Análise instrumental**. Rio de Janeiro: Interciência, 2000.

Esse livro reúne um compilado de métodos da análise instrumental. Seus capítulos se referem à introdução a temas como: ultravioleta/visível, infravermelho, gases especiais, absorção atômica, plasma indutivamente acoplado, fotometria de chama, cromatografia gasosa, cromatografia líquida, potenciometria, condutimetria, eletrogravimetria, ressonância magnética nuclear, espectrometria de raios X, análise térmica, micro-ondas e água para análises químicas.

COLLINS, C. H.; BRAGA, G. L.; BONATO, P. S. (Org.). **Fundamentos de cromatografia**. Campinas: Ed. da Unicamp, 2006.

Nesse livro, são apresentados os fundamentos e os procedimentos para a realização das análises de cromatografia. Em seus capítulos, são abordados assuntos referentes a cromatografias por bioafinidade, cromatografia gasosa e cromatografia líquida de alta eficiência. Mediante as novas tecnologias e ao desenvolvimento de equipamentos, adsorventes e demais componentes, a obra traz as alterações e atualizações mais relacionadas a essas tecnologias.

HAGE, D. S.; CARR, J. D. **Química analítica e análise quantitativa**. Tradução de Sônia Midori Yamamoto. São Paulo: Pearson Prentice Hall, 2012.

Essa obra aborda as análises quali e quantitativas, as boas práticas de laboratório e as etapas necessárias para realizar análises químicas de analitos. Entre os temas levantados, temos: panorama da química analítica; medições de massa e volume; caracterização e seleção de métodos analíticos; atividade química e equilíbrio químico; solubilidade e precipitação química; reações de neutralização ácido-base; formação de complexos; reações de oxidação-redução; análise gravimétrica; titulação ácido-base; titulações complexométricas e de precipitação; análise eletroquímica; titulações redox coulometria, voltametria e introdução à espectroscopia e à espectroscopia molecular e atômica; introdução a separações químicas; cromatografia gasosa e líquida, e eletroforese.

PAVIA, D. L.; LAMPMAN, G. M.; KRIZ, G. S. **Introduction to Spectroscopy**: a Guide for Students of Organic Chemistry. Philadelphia: Saunders College Publishing/Harcourt Brace Jovanovich College, 2002.

A espectroscopia é o tema principal desse livro, que abarca os seguintes conhecimentos: espectroscopia no infravermelho e espectroscopia de ressonância magnética nuclear, tanto em componentes básicos como em espectros de carbono. Também aborda a espectroscopia no ultravioleta e a espectrometria de massa. Ao final, ele apresenta técnicas avançadas de ressonância magnética nuclear, aprofundando o conhecimento nessa área.

SKOOG, D. A. et al. **Fundamentos de química analítica**. 8. ed. Tradução de Marco Tadeu Grassi e Célio Pasquini. São Paulo: Thomson, 2007.

Trata-se de um livro que aborda os princípios da análise instrumental, percorrendo os métodos de espectroscopia atômica, espectroscopia molecular, eletroanalítica, métodos de separação e uma miscelânea de métodos, como os térmicos, radioquímicos e de análise automatizados.

Respostas

Capítulo 1

Atividades de autoavaliação

1. b
2. b
3. d
4. c
5. e

Capítulo 2

Atividades de autoavaliação

1. e
2. b
3. d
4. a
5. a

Capítulo 3

Atividades de autoavaliação

1. c
2. b

3. d

4. a

5. e

Capítulo 4

Atividades de autoavaliação

1. a

2. b

3. d

4. c

5. d

Capítulo 5

Atividades de autoavaliação

1. b

2. c

3. d

4. a

5. e

Capítulo 6

Atividades de autoavaliação

1. b
2. c
3. d
4. e
5. c

Sobre a autora

Stéphanie Abisag Sáez Meyer Piazza é doutora e mestre pelo Programa de Pós-Graduação em Engenharia de Recursos Hídricos e Ambiental da Universidade Federal do Paraná (UFPR). É formada em Engenharia Ambiental pela Faculdade Educacional Araucária (Unifacear) e em Tecnologia em Química Ambiental pela Universidade Tecnológica Federal do Paraná (UTFPR). Foi pesquisadora bolsista da Rede de Pesquisas sobre Lodos Sépticos pelo Conselho Nacional de Desenvolvimento Científico e Tecnológico (CNPq). Possui um depósito de patente pela UFPR no Instituto Nacional da Propriedade Industrial (Inpi) referente a uma pesquisa de reaproveitamento de resíduos para geração de materiais de construção civil. Atuou como assistente ambiental na empresa Andreoli Engenheiros Associados Ltda. Atualmente, é professora no Centro Universitário Internacional Uninter e na Unifacear, ministrando disciplinas para turmas de graduação e pós-graduação. Tem experiência na área de engenharia química e ambiental, com ênfase em tratamentos e aproveitamento de rejeitos. É autora de mais de 20 artigos publicados em congressos e revistas científicas de cunho nacional e internacional, além de ser coautora do livro *Lodos de fossa e tanque séptico: orientações para definição de alternativas de gestão e destinação* e parte da equipe de coordenação e da equipe técnica do livro *Lodo de estações de tratamento de água: gestão e perspectivas tecnológicas*, da Companhia de Saneamento do Paraná (Sanepar).

Os papéis utilizados neste livro, certificados por instituições ambientais competentes, são recicláveis, provenientes de fontes renováveis e, portanto, um meio **respons**ável e natural de informação e conhecimento.

FSC
www.fsc.org
MISTO
Papel produzido a partir de fontes responsáveis
FSC® C103535

Impressão: Reproset
Fevereiro/2023